中学数学でわかる 没頭！オトナの数学

株式会社
math channel代表
横山明日希

PHP

はじめに

「数学ってどんなところで使われているのですか?」という質問を多くの方からいただくことがあります。一言で返すのなら「本当にあらゆるところに使われています」なのですが、もちろんこれだけで納得がいく人はいないはずですし、僕自身も伝えきれた感がありません。

実はこの質問、答えるのがとても難しいのです。難しいといっても、答えがないわけではありません。むしろ、本当にたくさんの答えがあるから難しいのです。このことを三つの場面に分けて、詳しく触れてみましょう。

日常では、お金の計算や時間の計算などで数学は使われています。地図を見るときには図形的な発想を必要とすることもあります。

使われる数学の範囲は少し狭いですが、こういった「日常生活で誰もが使っている数学」も立派な〝数学が使われている場面〟の一つです。誰しもが使っているといっても、効率の良い計算方法を活用して数学の恩恵をかなり受けている人もいれば、使うのに苦労している人もいるはずです。ただ、前述の質問に対してこの「日常生活の数学」だけを例に出しても納得はしないでしょう。

数学といえば、中学や高校で学んだような「y＝x」や「○○の公式」「○○の定理」をイメージする方も多いでしょう。中学、高校で学んだ数学が日常の場面で使われているかと言われるとすべてに対して「YES」とは言い切れないのが実際のところです。

ただ、多くの数学の知識はさまざまな専門職で使われています。例えば建築に携(たずさ)わるお仕事をされている方は、仕事として図形を多く扱うことがあります。設計するため、測量するため、さまざまな場面で図形に関する高度な数学を駆使し、よりよいものを作っています。

メジャーリーガーの大谷翔平選手も、自身のバッティングフォームの最適化を行うために図形の知識を使っているという話もあります。工場で製品を作る方はどういう材料からどういう形状のものを作るかという図形的な観点はもちろん、関数を使ってなるべく少ない材料で多くの製品を作る方法などを導き出すこともあります。このように、「仕事のなかで使われる数学」というものもあります。

そしてもう一つ、違った視点での数学の使われ方があります。それは「娯楽として使われる数学」です。「数学パズル」のような表現をしたら少し馴染みを持つ方もいるかもしれません。クイズ番組でもたまに数学的な知識を使って解く問題もありますが、まさにそういったものを指します。生活するうえで必須ではないですし、仕事に使うかといえばそうでもない。でも、取り組むと楽しい――そういった数学です。

前置きが長くなりましたが、本書ではそういった「日常」「仕事」「娯楽」で使われているような数学を取り上げてみました。

第1章は「日常にある面白くて不思議な『数』」と題して、「数」や「計算」といった数学の単元を中心に取り上げています。シンプルな数学パズルの話題から、ほとんどの人が使っているアレにも数学が役に立っている、という話をお伝えしています。

第2章は「〝これもあれも〟表せる『関数/方程式』」と題して、先ほど触れた話でいうと「y=x」のようなものがどういった場面に使われているかをまとめています。普段意識することはないものでも、このような数学的な視点で見ることで、物事がシンプルに見えてくることが多くあります。

第3章は「身近なところで役立つ『図形』」と題して、図形分野を幅広く紹介しています。野球で使われる数学の話は少し触れましたが、他のスポーツにも役に立つ数学の視点があるのでそういった話題を紹介したり、自然に潜む数学の話題などを紹介しています。

第4章は「未来を予測する『確率・組み合わせ』」と題して、身近に潜む現象や状況を、確率・組み合わせの視点でまとめてみました。こちらの章にもまた、日常で使っているものに潜む数学の話を紹介しています。

どこから読み始めても読みやすく、ほとんどの項目は独立しています。気になった項目からぜひ読んでみてください。

「日常」「仕事」「娯楽」で使われている数学と触れましたが、この本はオトナになった今だからこそより実感を持てる話を交えて数学を紹介しています。

また、本書では中学で学ぶ数学までを中心に取り上げ、一部、高校以上で学ぶものには丁寧に解説を加えています。

一度は聞いたことがある数学の言葉に再び出合い、改めてその数学の話題の楽しさを感じていただけたら幸いです。子どもの頃だとどうしても「勉強して解ける」ようにならなければいけなかった数学を、オトナという立場で「読み進めて、知って、感動する」を経験してみてください。

株式会社 math channel　代表
横山明日希

もくじ

第2章 "これもあれも"表せる「関数／方程式」

第3章 身近なところで役立つ「図形」

第4章 未来を予測する「確率・組み合わせ」

第1章

日常にある面白くて不思議な

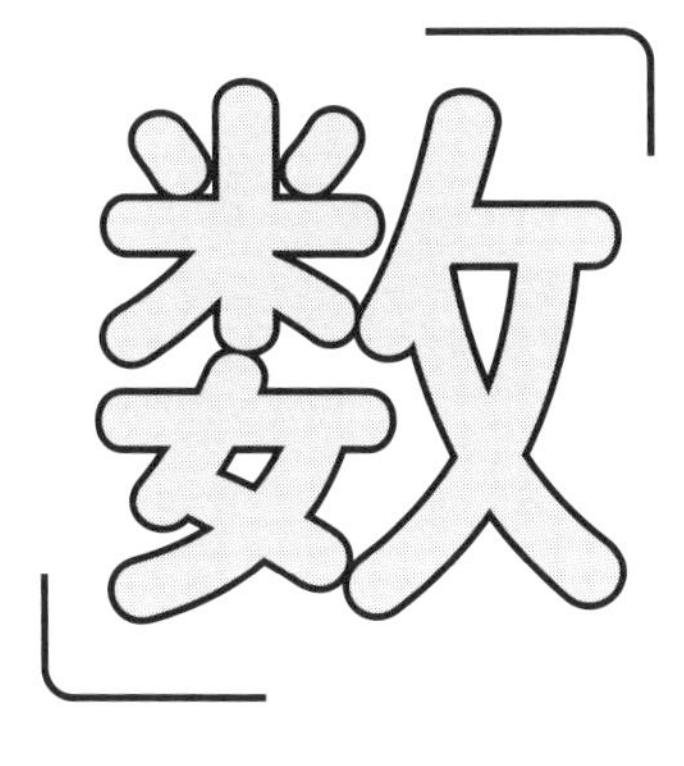

車のナンバープレートの四つの数字から、
答えが10になるように式を成立させよう

横浜100
あ 23-57

2 □ 3 □ 5 □ 7 ＝ 10

▶ 答えはP.16

シンプルで奥が深い数のパズル

車のナンバープレートで楽しめる「10パズル」

渋滞中に前の車のナンバープレートをぼんやり眺めていることってありますよね。「2574（事故なし）」と語呂合わせになっていたり、「1111」とゾロ目になっているのを探して暇つぶしをしている人もいると思います。大抵は、何の法則性もない4桁の数字が並んでいます。しかし、そのようなナンバーでも、見方によっては数のパズルとして楽しめるのです。

例えば、頭の体操にもなり、おすすめなのが『10パズル』（Ten Puzzle、別名make10）です。10パズルは、4桁の数字を、1桁の数字四つの組み合わせとみなして、四則演算（足し算・引き算・掛け算・割り算）を駆使して必ず10にするというゲームです。

私がよくおすすめしている10パズルのルールは次の通りです。

・1から9のうち、四つの数を使う。0は使わない

・四つの数字の順序は問わない

・複数の数字をつなげて2桁以上の数として使えない

・＋、－、×、÷を使う

※厳密なルールでは「0を使ってもよい」「同じ数を2回使ってもよい」「2桁以上の数にしてもよい」など、難解なものもありますが、ここでは解法がある一般的なルールをご紹介します。

このルールの元では必ず10にできます。１２６通りの数字四つの組（高校数学で学ぶ、組み合わせを計算する記号「C」を使うと $_9C_4=9\times8\times7\times6\div4\div3\div2\div1=126$ と計算できます）があって、そのすべてに解法があります。

仮に「１２３４」というナンバーがあったとします。それを「1」「2」「3」「4」とバラバラにして、1桁の数字四つにします。ここから10を導き出していきます。□に入る＋、－、×、÷を考えてみましょう。

◆10パズルの例（答えはP.16）

1+2+3+4=10

1×2□3+4=10

4□3×1−2=10

4+3÷1□2=10

(4×3−2)□1=10

単純に四つを足すと10になりますが、それ以外にも、引き算、掛け算、割り算を駆使することで10にしていきます。時には括弧を使うことで計算する順番まで考える点で、かつて学んだ数学を思い出し、よい脳トレになるでしょう。

10パズルは日常生活のなかでも気軽にできます。街中で走っている車のナンバープレートだけでなく、生年月日、レシートの合計金額、切符の4桁の番号、電話番号の下4桁などでも楽しめます。

四つの4で1～9を作ろう「フォーフォーズ」

また、10パズルの他にも、「フォーフォーズ（Four fours）」があります。「四つの4」という意味です。1881年の科学雑誌に載ったということから、200年近く前には作られているので古い歴史があるようです。

フォーフォーズの場合は、10パズルよりも縛りが厳しく、4だけを四つ使って指定された数を作ることになります。

ルールは四つの「4」と四則演算だけでなく、小数、階乗、平方根、累乗（るいじょう）、循環小数といった複雑なものを含めることもあります。

◆フォーフォーズ（答えはP.16）

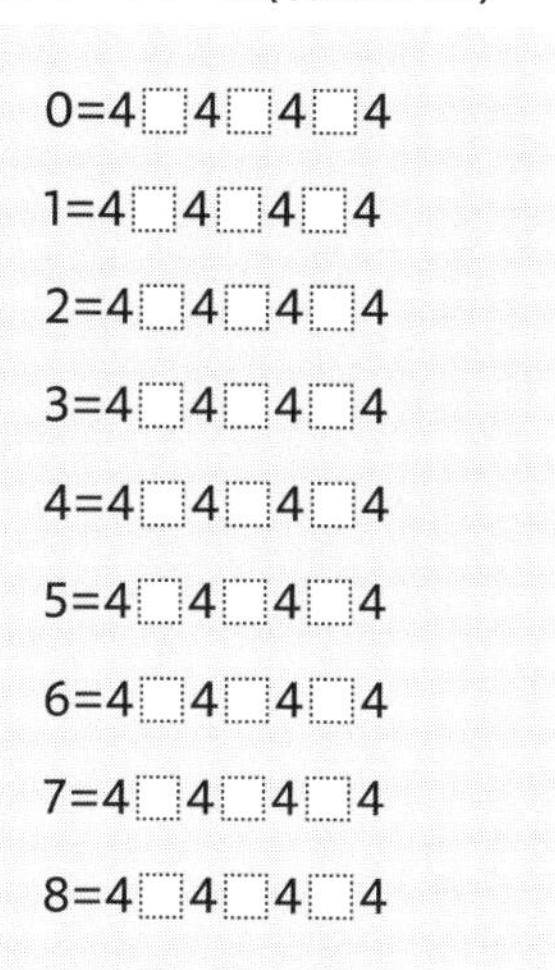

ただ、一般的には整数を扱う程度にとどめ、0から9までを作るパズルとして普及しています。

実際に4を四つ使って0から9を作ってみましょう。□に入る+、−、×、÷を考えてみてください（上図）。括弧を使うことも可能です。

本来のルールでは、4と4をくっつけて「44」も含めてもいいですし、√を使ってもOKです。

より難易度の高い問題に挑戦したいという場合は試してみてください。

P.12の答え

$2\times(3-5+7)=10$
$2+3\times5-7=10$

P.14「10パズルの例」の答え

$1\times2\times3+4=10$
$4\times3\times1-2=10$
$4+3\div1\times2=10$
$(4\times3-2)\div1=10$

P.15「フォーフォーズ」の答(一例)

$0=4-4+4-4$
$1=4\div4+4-4$
$2=4\div4+4\div4$
$3=(4+4+4)\div4$
$4=4\times(4-4)+4$
$5=(4\times4+4)\div4$
$6=4+(4+4)\div4$
$7=4+4-4\div4$
$8=4\times4-4-4$
$9=4+4+4\div4$

◆44や√を含む場合のフォーフォーズ

$0=44-44$
$1=44\div44$
$2=(4-4)\times4+\sqrt{4}$
$3=4-\sqrt{4}+4\div4$
$4=\sqrt{4}\times\sqrt{4}+4-4$
$5=\sqrt{4}\times\sqrt{4}+4\div4$
$6=(4+4)-4\div\sqrt{4}$
$7=4+\sqrt{4}+4\div4$
$8=\sqrt{4}+\sqrt{4}+\sqrt{4}+\sqrt{4}$
$9=\sqrt{4}\times4+4\div4$
$10=(44-4)\div4$

\ 平方根(ルート)のおさらい /

ある数を二乗したときにできる数に対して、その元となる数のことを平方根といいます。例えば4の平方根は2と−2になります。また、この項目のなかに出てくる「√」という記号は「根号」と呼ばれるもので、「$\sqrt{4}$」はルート4と読みます。「$\sqrt{4}$」は2乗すると4になる数のうち、正の数を指すので$\sqrt{4}=2$となります。

4、5、6、7、8という数を使って作れる
シンプルで美しい式は？

4 □ 5 □ 6 □ 7 □ 8

シンプルかつ美しい「数のピラミッド」

どの式も、なぜイコールが成り立つのか

下の図1を見てください。1から順番に数字を並べたもので、「数のピラミッド」と僕は呼んでいます。これは実はある一定の法則に従って並んでいます。それが次の図2です。

シンプルな構造ですが、見ていて美しさすら感じます。美しいものを見たときに、なぜ成り立つのかということを考えるのが数学の一つの醍醐味であり、面白さといえるでしょう。「数のピラミッド」はシン

◆図1

1 2 3
4 5 6 7 8
9 10 11 12 13 14 15
16 17 18 19 20 21 22 23 24

▼

◆図2

1+2=3
4+5+6=7+8
9+10+11+12=13+14+15
16+17+18+19+20=21+22+23+24

プルなものですが、誰が発見したということも知られていませんし、法則に名前がついているわけでもありません。名前はついていないけれど、おそらく紀元前から誰かが気がついてパズルとして楽しんでいた可能性は十分あります。

　では、「数のピラミッド」全体がなぜ成り立っているのかを証明してみましょう。左辺の左端の数字を上から見ると、1・4・9・16……となります（図3）。この左辺の左端の数字は平方数になっています。平方数とは、ある整数の二乗で表せる数です。つまり、1、4、9、16は、それぞれ1×1、2×2、3×3、4×4と計算できます。

　実はこれが「数のピラミッド」全体の数式が成り立っていることを理解できるヒントになっています。

◆図3

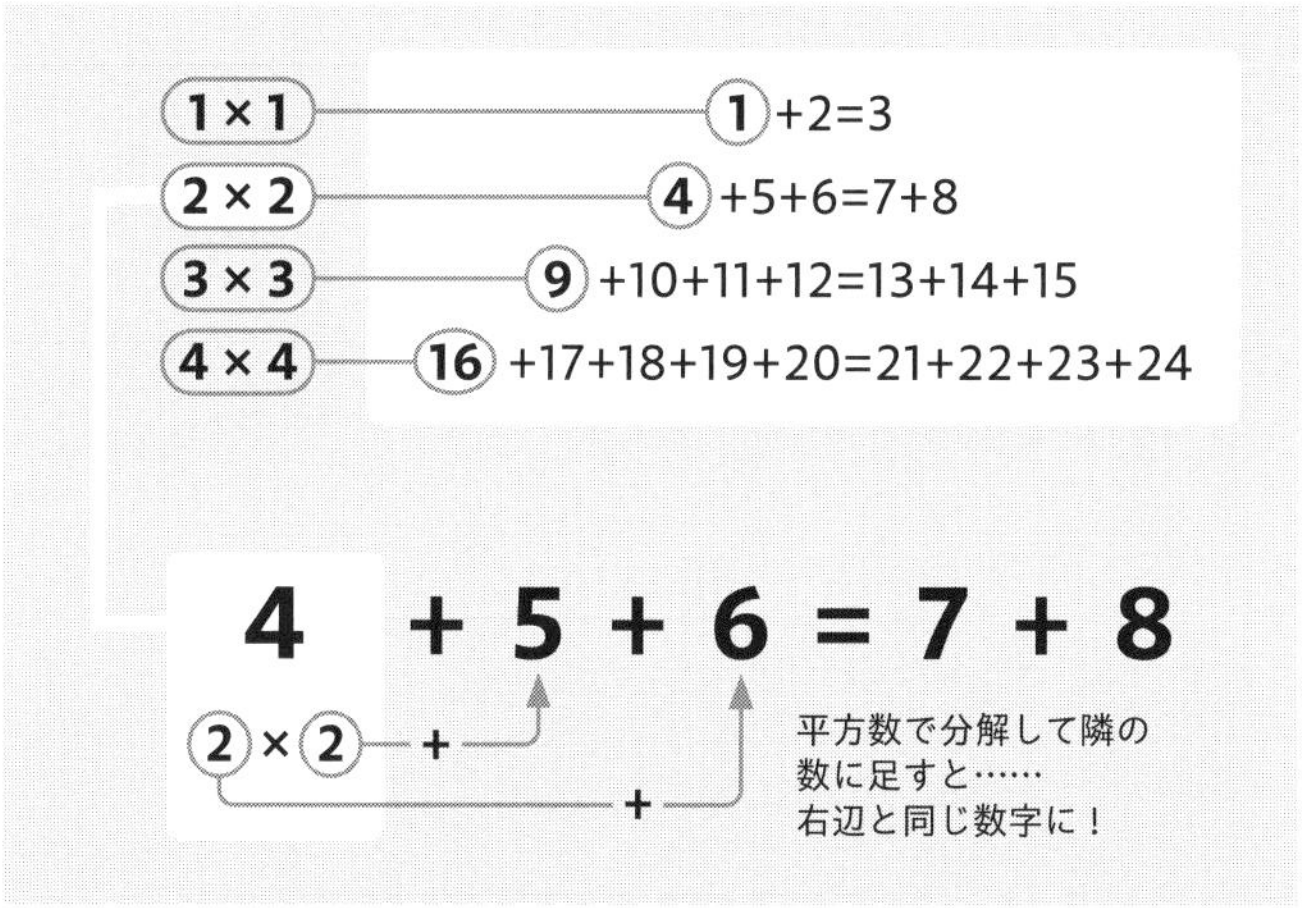

1×1 — 1+2=3
2×2 — 4+5+6=7+8
3×3 — 9+10+11+12=13+14+15
4×4 — 16+17+18+19+20=21+22+23+24

4 + 5 + 6 = 7 + 8
2×2 ＋ → 5、＋ → 6

平方数で分解して隣の
数に足すと……
右辺と同じ数字に！

1＝1×1…1が1個
4＝2×2…2が2個
9＝3×3…3が3個
16＝4×4…4が4個

「4＋5＋6＝7＋8」の列を例にとって考えてみましょう（図3下）。平方数で4を分解すると、2が2個になります。それぞれ隣にある5と6に足します。すると、次の式のようになります。
（5＋2）＋（6＋2）＝7＋8
右辺と同じ数字になりました。これが「数のピラミッド」のすべての数式で成り立っています。

細かく見れば……こんな法則も見つけた！

「数のピラミッド」の数の並びを見ていくと、他にもいろいろな法則が発見できます。

例えば、右辺の右端の数字に着目してください（図4）。3、8、15、24がありますが、これらは、

3＝1×3
8＝2×4

15＝3×5
24＝4×6

とも書けます。「1・2・3・4」「3・4・5・6」と美しい数の並びを見つけることができました。

同様に左辺の右端に注目してみましょう（図5）。

2＝1×2
6＝2×3
12＝3×4
20＝4×5

とも書けます。ここにも美しい数の並びを見つけることができました。

この「数のピラミッド」は数学の美しさを示す一例であり、数学の法則やパターンを探求する醍醐味の一つです。このようなパターンは古くから数学者によって研究されており、数学の基本的な原理を理解するうえで役立ちます。

◆図4

1+2=3
4+5+6=7+8
9+10+11+12=13+14+15
16+17+18+19+20=21+22+23+24

◆図5

1+2=3
4+5+6=7+8
9+10+11+12=13+14+15
16+17+18+19+20=21+22+23+24

数学者ガウスの、教室でのひらめき

このような「美しい足し算」について、ドイツの数学者・ガウスの幼少期の逸話を知るとより楽しめるかもしれません。

伝説によると、ガウスが7歳の小学生のとき、算数の教師がクラス全員に退屈な課題を与えたそうです。この課題は、1から100までの数をすべて足し合わせるというものでした。教師の意図は、生徒たちをしばらく集中させることにありました。

しかし、ガウスはこの問題を驚くほどスピーディに解決してしまいました。1から100までの数を順番に足す代わりに、両端から数をペアにして足すと、常に同じ合計（101）になることを発見したのです。つまり、1＋100、2＋99、3＋98といった具合に、これを50回繰り返すと、1から100までの合計が出せるわけです。合計は101×50＝5050になります（図6）。

◆図6

1+2+3+4+5+ …… +95+96+97+98+99+100

▼

1+100=101　2+99=101　3+98=101
4+97=101　5+96=101　……

⇨101 × 50で導ける！

このエピソードは、ガウスが数学の天才であったこと、そして彼が数学的な問題に対して直観的で創造的な発想力を持っていたことを示しています。また、数学の基本的な考え方が、日常生活のなかでどのように直感的に発見されるのかを表すよい例です。

別のやり方でも、数字1から100までを合計する方法があります。

まず、1から100まで順に加えた数列1＋2＋3＋…＋98＋99＋100と、これを逆順にした数列100＋99＋98＋…＋3＋2＋1をそれぞれ合わせてみます（図7）。

この両方を足すと、

（1＋100）＋（2＋98）＋（3＋98）＋…＋（98＋3）＋（99＋2）＋（100＋1）

が得られ、各項が101になり、これが100回繰り返されるので、合計は101×100＝10100となります。

しかし、この合計は元の1から100までの合計を2

◆図7

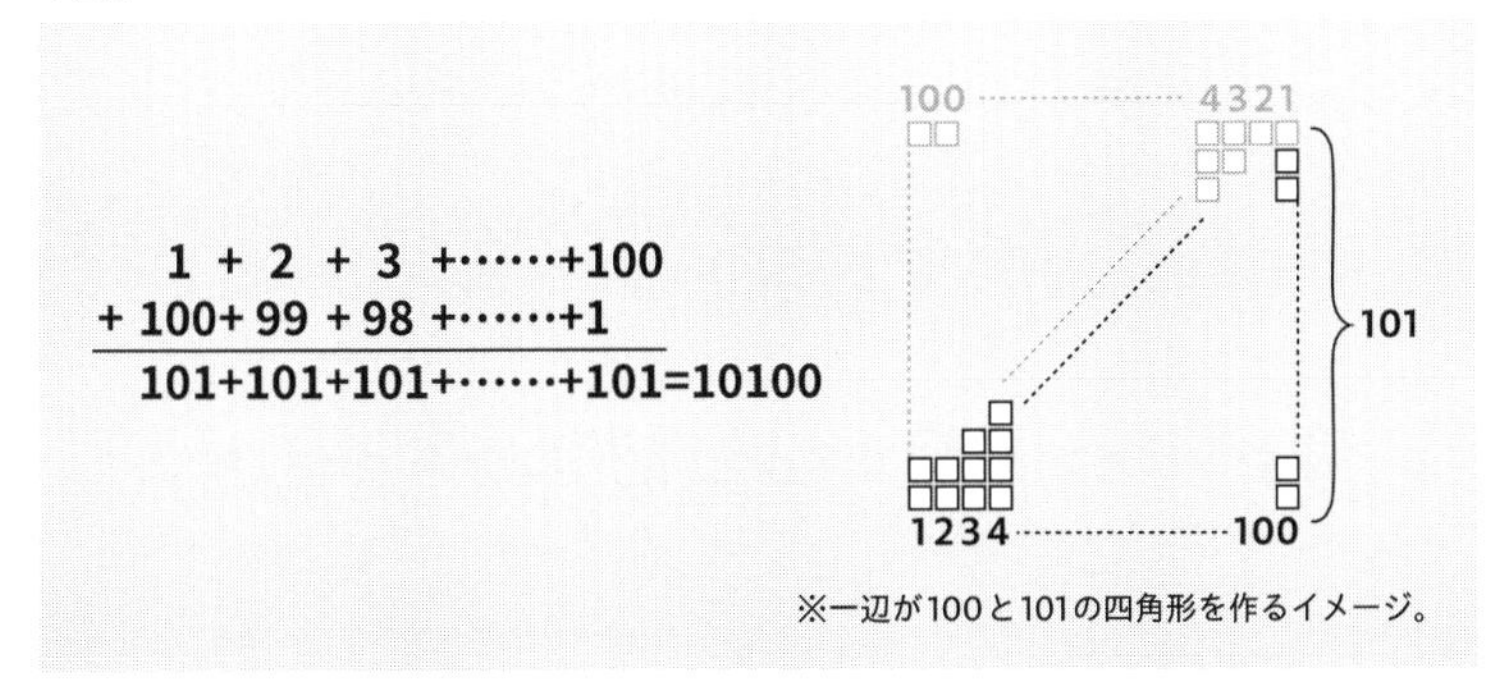

※一辺が100と101の四角形を作るイメージ。

回分足したものになっているため、実際の合計を求めるには2で割る必要があります。つまり、10100÷2=5050が、1から100までの合計となります。

これを利用すれば、1から1000の合計も（1+1000）×1000÷2=500500と簡単に計算することができますね。

電卓で以下のような式を入力すると答えはいくつ？　また、入力の仕方のルールは？

123＋369＋987＋741＝□

147＋789＋963＋321＝□

698＋874＋412＋236＝□

電卓のキーの並びから見える魔法の世界

どこから足しても同じ数!?

図１にある電卓の、丸で囲った数字（５をのぞく）をどこからでもいいので、３桁の数字にして、それらを順に足してみてください。不思議なことに、どこから足しても同じ答えになります。

例えば、１のキーから反時計回りに「１２３」「３６９」「９８７」「７４１」を足すと、

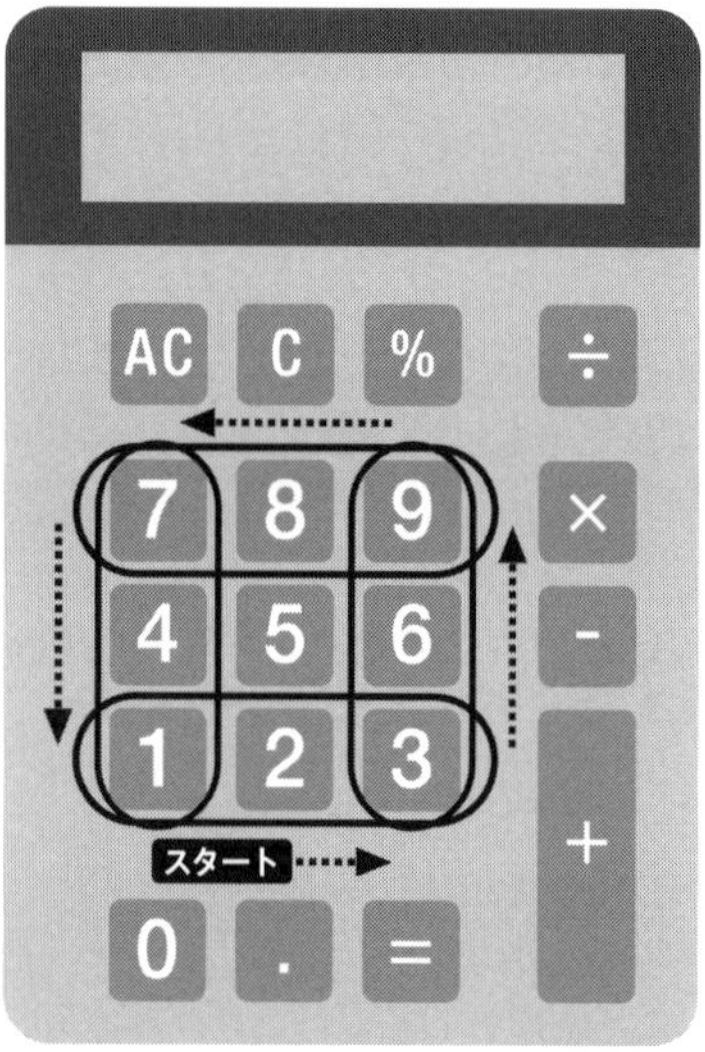

AC C % ÷
7 8 9 ×
4 5 6 -
1 2 3 +
スタート
0 . =

◆図1

123+369+987+741=2220
147+789+963+321=2220
698+874+412+236=2220

答えは2220です（3桁目の数字は重ねてください）。

逆に、時計回りにして「147」「789」「963」「321」を足すと、これも答えは2220になるのです。

6のキーからスタートさせて、反時計回りに「698」「874」「412」「236」を足しても、同じく2220です。

不思議なマジックに見えますが、種明かしをすると、それほど難しいことではありません。どの式も、すべての3桁の数字が1・3・7・9と2・4・6・8の組み合わせでできています。

それぞれの四つの数字を合計すると両方とも20になります。

1＋3＋7＋9＝20
2＋4＋6＋8＝20

例として、最初の123からはじめた計算をバラバラに分解してみます（図2）。

数を位ごとに分けて見ると、単に奇数の組と偶数の組が100の位か10の位か1の位になるかの違いで、最終的にすべての式が同じになるこ

◆図2

123+369+987+741
=100+20+3+300+60+9+900+80+7+700+40+1
=(1+3+7+9) × 100+(2+4+6+8) × 10+(1+3+7+9) × 1
=20 × 100+20 × 10+20 × 1
=2220

とがわかります。

ただし、一つ見落としがあることに気づきませんか？

「5」のキーを一回も使っていないのです。そこで、5についても「555」と3桁の数字にして、4回足してあげましょう。驚いたことに、他の式と同じく2220という答えになりました（図3）。

◆図3

555+555+555+555=2220

電卓のキーには魔法がかけられている？

電卓のキーの並びは「魔方陣（マジックスクエア）」と関連しています。

電卓のキーパッドは通常、P26のように配置されています。

ここで面白いのは、5を中心にして上下、左右、斜めにある三つの数字を足すと、いつも合計が15になるということです。

例えば、上下（852）、左右（456）、斜め（159）、斜め（357）の列のそれぞれの合計は15になります。

これは「魔方陣」という数の配置と共通点があります。**魔方陣とは、数字の列を、縦、横、斜め**

のそれぞれの列の合計がすべて同じになるように配置したものです。

例えば、最も単純な形の3×3魔方陣では、3行3列に1から9までの数字を配置して、どの行、列、斜めの合計も同じになるようにします。5を中心にして各列の合計が15になります（図4）。これは偶然の一致ではなく、対称的に並んでいることを意味します。「5」は、1から9までの数字のちょうど真ん中の数字です。各列の合計が同じになるように、他の数字が対称的に配置されています。

電卓のキーの場合は15にならない列もあるため（123など）完全な魔方陣ではありませんが、このような例は電卓だけでなくテレビのリモコンやキーボードのテンキーなど、いろいろなもので見ることができます。それはパズルのようなもので、数字や形が特定のルールに従って配置されていると、時にきれいなパターンや面白い性質が現れます。

◆図4

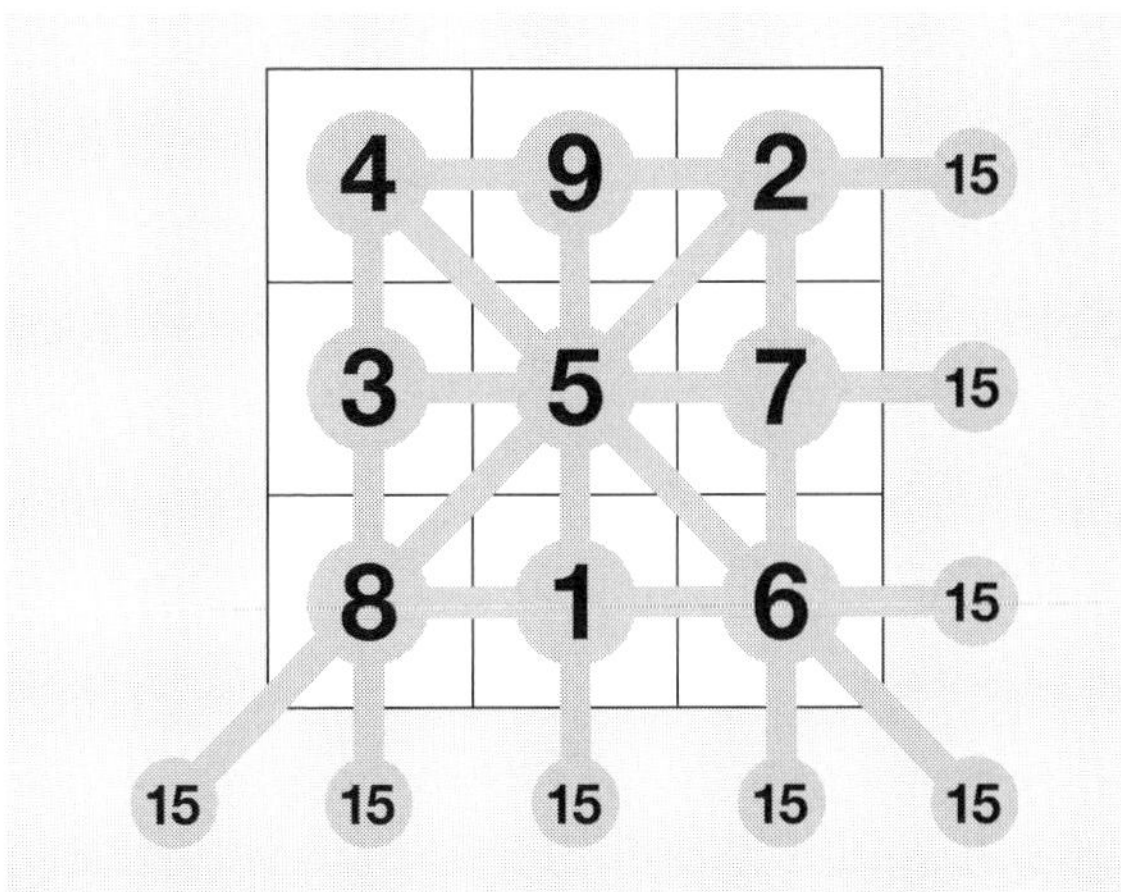

問題

飲み会のお会計を
スマートに割り勘にする方法は？

端数のあるおつりを一瞬で計算するコツ

割り勘の計算は2段階でスマートになる

友だちと飲み会をするとき、最後に会計を割り勘にすることがよくありますよね。例えば、5人で9975円だった場合、細かい数字なのでスマートフォンの電卓で計算したくなるかもしれません。ここで、ちょっとしたコツを使うと暗算ですぐに計算できます。

まず、会計をキリの良い数字で大雑把に考えます。この場合は1万円としましょう。5人で割ると1人当たり2000円なので、それぞれ友だちから徴収します。1万円を支払うと、おつりが25円返ってきます。それを5人で割って、1人当たり5円を返せば正確な金額になるのです。

もっと複雑な金額の場合も、この方法が役立ちます。例えば、1万4300円を5人で割る場合、1人当たりいくらかを計算しようとすると少し複雑です。でも、大雑把に1万5000円として考え、5人それぞれから3000円を徴収。おつりの700円を5で割ります。つまり、140円ずつ返すという方法です。

このように、1万4300円を直接割るのではなく、一度大きく1万5000円と考えて計算すると、シンプルでスマートに割り勘ができるのです。割る人数によっては、単純にキリの良い数字にそろえるのではなく、割りやすい数にそろえるという発想もあります。例えば、4人の場合は1万5000円ではなく1万6000円にすると、割りやすくなります。

「でも今度はおつりの計算が複雑になるじゃないか」という声も聞こえてきそうです。

おつりを簡単に計算する方法

おつりの計算をするときも、ちょっとした工夫で簡単にできます。例えば、374円の商品を買って、1000円札を出したときのおつりを考えてみましょう。普通に引き算をすると、1000円から374円を引くことになりますが、これだと繰り下がり（上の位を1減らして10を加える）の計算が必要になってしまいます。

そこで、もっと簡単な方法を使ってみましょう。1000円を1円と999円に分けて考えます。まず、999円から374円を引いてみます。これなら繰り下がりがないので、先程より簡単な計算になります。この結果に、さっき分けた1円を加えると、おつりの合計が出ます。

他にも、おつりを計算する便利な方法があります。おつりを小さい単位から計算していく方法です。

まず、商品の金額を次の100円単位まで上げます。例えば、374円の商品なら、400円まで上げて、1000円から400円を引きます。そして、最初に足した分（ここでは26円）を引くと、おつりの金額になります。先程の割り算の考え方ですね。

こうしたちょっとしたコツを覚えておくと、おつりの計算がぐっと楽になります。

日本人とイギリス人のおつりの渡し方の違い

お店で買い物をするとき、おつりに対する考え方は万国共通ではないようです。例えば、日本人とイギリス人では、おつりの渡し方が違います。

仮に250円の商品を買うために、客が1000円札を出すとします。日本では、店員は「お預かりします」と言って、客から1000円札を受け取り、商品の値段である250円を引いて、残った金額である750円をおつりとして返します。それから、商品を渡します。これは馴染みのある「引き算によるおつりの計算」の仕方になります。

一方、イギリスでは「足し算によるおつりの計算」をする人が多いようです（イギリスの公式通貨はポンドですが、ここでは円で説明します）。同じく250円の商品を1000円で買う場合、店員は1000円を受け取ると、同じ1000円の価値を客に返すことを考えます。まず商品をカウンターに置きます。そして、残りの７５０円をそこに「足す」必要があると考え、商品の横に７５０円を置きます。つまり、商品とお金を一緒に置いて、合計が１０００円になるように調整するわけです。このため、イギリス人はおつりを渡すときに、商品の横におつりを置いていくことが多いように見受けられます。

日本人の場合は、大抵おつりを先に渡してから、商品を渡します。イギリス人は商品の横にお金を置いて、同じ金額になったら商品と一緒に渡します。

どちらの方法も、客に正しい金額のおつりを渡すという目的は同じですが、そのやり方が異なるのです。買い物をするときに、ぜひこの違いに注目してみてください。異なる文化のなかで育った人たちが、どのように数学的思考を使っているかを知ることは、とても面白いです。

問題

6週間を「日」「時間」「分」「秒」に
換算していくと何秒になる?

大きな数は「階乗（かいじょう）」で表せる

「階乗」は一つ数字が増えるだけでとんでもないことになる

「1日は24時間」「1時間は60分」「1分は60秒」と、6の倍数が続くところ、「1週間は7日」となぜか7が出てくるので、少し違和感があるような不思議な感じがします。この違いは聖書に由来するものだとか、太陰暦・太陽暦の違いであるとか諸説あります。

このままではすっきりとしないので、試しに6週間で考えてみると面白い法則性が見えてきました。6週間は日にちにすると、6×7日です。時間にすると6×7×24時間。分にすると6×7×24×60分、秒にすると6×7×24×60×60秒です。そこから細かく分解して並べ替えてみると、10×9×8×7×6×5×4×3×2×1秒になりました。これをまとめると「10！秒」と表現できます（左図）。10！は「10の階乗」といいます。ある数から1まで順番にすべての数を掛け合わせることを指します。この場合は10から1まですべてを掛けています。

ちなみに、6週間は10！秒ですが、66週間は11！秒です。

1年が52週間なので、66週間では1年を超えます。11！秒は、1年間を秒で換算するよりも大きい数なのです。

10！が11！になるだけで想像以上に大きな数になるのが階乗のすごさといえるでしょう。

さらに12！秒とすると66×12週＝792週、年に直すと15年を超え、13！秒となると約200年というとても長い年月になります。我々の人生は13！秒もないということです。

6週間	6×7日
時間にすると	6×7×24時間
分にすると	6×7×24×60分
秒にすると	6×7×24×60×60秒

さらに数字を細かくしてみましょう ＝6×7×3×8×2×3×10×4×3×5秒

並べ替えてみましょう ＝10×9×8×7×6×5×4×3×2×1秒
＝10！秒

トランプの山札の重ね方は無量大数通り

トランプで遊ぶとき、最初にシャッフルをします。そのシャッフルが甘いと、同じカードの並びになるのではと不安になりませんか？　しかし、シャッフルしたときの山札のカードの並び順は決して同じになりません。その理由を説明します。

54枚のトランプ（ジョーカー2枚を含む）の場合、シャッフルによる並べ方の総数は「54！通り」になります。1から54までのすべての数を掛け合わせたものです。54×53×52×……×1となります。実際に計算するとわかりますが、54！の答えは2000の後に0が68個続く数になります。68乗の数の名称は「無量大数」です。そう、シャッフルしたトランプの並び方の総数は「約2000無量大数」通りなのです。

トランプ3枚：**6通り**
トランプ4枚：**24通り**
⋮
トランプ10枚：
3,628,800通り
⋮
トランプ20枚：
2,432,902,008,176,640,000通り
（約243京通り）

「トランプの並び方がそんな大きな数になるわけがないだろう！」と思って実際に試したりしないでくださいね。とんでもなく時間がかかってしまいます。ここでいう「とんでもない時間」がどれだけとんでもないか、少しご紹介しましょう。

トランプは54枚あります。シャッフルして54枚の並び方を確認するのに1回5分かかるとします。これを計算すると、2・19×10の66乗年が必要になります。これは宇宙の年齢（約138億年）を遥かに超える、想像を絶する時間です。宇宙の年齢の約1・59×10の56乗倍に相当します。日本語では「阿僧祇（あそうぎ）」という名称になります。つまり、54枚のトランプをシャッフルして全部を並べていったら、同じ並びになるのに宇宙の年齢138億年の1・59阿僧祇倍の時間がかかるのです。何回生まれ変わればいいのかわからないほど、想像を超えた数字です。この点から、54枚のトランプをシャッフルしたら、山札の順番はどれだけ遊んでも同じになることはないと考えて良いでしょう。

「無量大数」は仏教用語から生まれた

冒頭でトランプの並びは「54！＝約2000無量大数」通りあるというお話をしました。

「無量大数（無量数）」という言葉は、中国の数学者・朱世傑（しゅせいけつ）が著した『算学啓蒙（さんがくけいもう）』という書物に初出します。これは13世紀の作品で、現代の数学の基礎を築いた重要な文献の一つです。『算学啓蒙』では、従来の中国の数学書では見られなかった極めて大きな数の名称が紹介されており、無量大数もそのなかの一つです。

この名称は、仏教用語から取られています。仏教では、大きな数を表現するためにさまざまな比喩（ひゆ）が使われていました。例えば、「恒河沙（ごうがしゃ）（ガンジス川の砂の粒の数ほど多い）」や「阿僧祇（計り知れない数）」などです。無量大数も、これらの仏教用語に倣って名づけられたものと考えられます。

仏教では、このような数の概念を使って、宇宙や人生の果てしなさ、仏教的な教義の深さや広がりを象徴的に表現していました。単なる数学的な概念を超え、宇宙や存在の広大さを感じさせる哲学的な意味合いも持っています。

朱世傑が『算学啓蒙』で取り上げたことによって、これらの概念は数学的な文脈でも使われるようになりました。

このように、無量大数などの名称は、仏教の教義と中国の古典数学が交差する点に起源があり、数学だけでなく、文化や哲学においても重要な意味を持つ単語となっています。こうした人では計りきれない数を知ることは、数学の歴史や文化の多様性を知ることにもつながります。

宇宙が生まれてから現代に至るまでの１３８億年という時間は、私たち人間からするとものすごく長く感じます。ところが、トランプの並べ方をすべて試すことすらできない短い時間であるという解釈も成り立ちます。

日本では、普段使う数字の大きさの単位にはいろいろあります。例えば「兆」まではよく耳にするけれど、「京」という単位はスーパーコンピューターの世界だと思うかもしれません。でも、実はもっと大きな数字の単位があります。

まず、一般的に使う単位があります。一、十、百、千、万、億、兆、京。さらに大きくなると、「垓」、「𥝱（秭）」、「穣」、「溝」、「澗」、「正」、「載」、「極」と続きます。この辺りになるともう馴染みはありません。

そしてここからさらに大きくなると、前述の通り、仏教の言葉から来ています。例えば、「極」の上である「恒河沙」は、インドの「ガンジス川の無数の砂」を表していて、無限に近い数を意味しています。想像してみてください、ガンジス川の砂の粒を数えるなんて、とてもできないです。

その上の「阿僧祇」「那由多（なゆた）」「不可思議（ふかしぎ）」という名称も、仏教でいうところの仏様の智慧や力は人間の想像をはるかに超えていることを表しています。

数字の世界は思ったよりもずっと深くて広いんです！

大きな数の名称一覧

無量大数（むりょうたいすう）……10の68乗
不可思議（ふかしぎ）……10の64乗
那由他（なゆた）……10の60乗
阿僧祇（あそうぎ）……10の56乗
恒河沙（ごうがしゃ）……10の52乗

数学的なパターンを使って
絶滅リスクを回避している生き物は何？

素数の周期で生き残りをかけるセミがいる!?

なぜ時間は24時間や60分など12の倍数なのか

日常生活のなかには数字に関する不思議がたくさんあります。私たちの時間感覚も、その一例です。なぜ1日は24時間なのか？　なぜ1時間は60分なのか？　一度は疑問に思った人は多いと思います。

地球が自転して1日となり、地球が太陽を公転して1年になります。この自然のリズムに基づき、古代の人々は暦を作り出しました。1年を12回（年によっては13回）の満月になる周期で区切って「〇月」という概念を作り、月の周期（30日）としました。そして、1日を昼と夜に分け、1年を12の月で区切ったように昼夜それぞれを12分割して時間という概念を作りました。

しかし、なぜ1時間は「60」分なのでしょうか。これは数学的な巡り合わせの結果です。日常生活で私たちは1から10を基準とすることが多くあります。10という数の表記自体も1と0を組み合わせて作られており、10進法という手法が採用されています。それに対して、時間の計算では「12進法」が基準となっています。これらを両立させるために1時間を60分に分割することで、10進法と12進法を共存させることができます。これは60が10と12の最小公倍数だからです。最小公倍数とは、二つ以上の数の共通する倍数のなかで最も小さい数のことです。

具体的には、10の正の倍数は10、20、30、40、50、60……と続き、12の正の倍数は12、24、36、48、60……と続きます。つまり、両者は60で初めて一致します。10でも12でも割り切れる数ということです。この数学的な一致が、「1日24時間、1時間60分」という時間の枠組みを生んだとされています。異なる数学的システムが交差して、私たちの日常生活に深く根付いた時間感覚を作っているのです。

素数を使って生き残りを図る生き物

このように、人々は数を自分で生み出し生活を便利にしてきました。ですが、実は人間以外にも数をうまく活用して種の繁栄を図っている生物がいます。自然界においては、数学的な公式やパターンが生物の生存戦略に深く関与している場合があるのです。その一つの例が、アメリカで見られるセミの周期的な大量発生です。この現象は、13年周期と17年周期で起こり、「周期ゼミ」として知られています。

では、なぜセミは特にこれらの年数で大量発生するのでしょうか。生物学者の吉村仁教授（静岡大学名誉教授）は、この現象に数学的な観点から光を当て、13と17という数字に注目しました。これらの数字はどちらも素数であり、他の周期のセミと公倍数が発生しにくい特徴を持っています。そのため、13年や17年の周期で生き残るセミは、他の周期のセミと競合しないで済んでいるというのです。

過去には、1年から18年までさまざまな周期で羽化するセミがいたと考えられています。しかし、同じ公倍数を持つ周期では、他の周期のセミと羽化のサイクルが同じになり激しい競争に巻き込まれ、繁殖の機会を失うことがありました。ところが13年や17年周期のセミは、基本的に1年周期のセミとしか遭遇せず、このような競争を避けることができ、大量発生して生き残ることが可能になったのです。12年周期から18年周期のセミが存在した場合、それぞれのセミ同士が出会うのは、下記の表の通りの年数ごとです。平均で見れば、13年と17年周期のゼミは、他の周期のセミと出会わずに済む間隔が長いことがわかります。

異常気象などで連続して繁殖が困難な年が続くと、毎年

◆12～18年周期のセミが他の周期のセミと出会う年数

周期	12年	13年	14年	15年	16年	17年	18年	平均
12年		156	84	60	48	204	36	98
13年	156		182	195	208	221	234	199
14年	84	182		210	112	238	126	158
15年	60	195	210		240	255	90	175
16年	48	208	112	240		272	144	170
17年	204	221	238	255	272		306	249
18年	36	234	126	90	144	306		156

13年周期のセミは平均199年に1回、17年周期のセミは平均249年に1回、他の周期のセミと出会うことがわかります。

羽化する1年周期のセミは生き残ることが難しくなります。しかし長期間、地中にとどまる13年や17年周期のセミは、このような環境変化を乗り越えて生き延びることができるのです。13年と17年の周期を持つセミは、他の周期との公倍数を持たないことで競争を避け、自然の変化に適応することで生存のチャンスを掴んでいます。ちなみに、13と17の最小公倍数は221です。これは、両者が同時に羽化するのが221年に1回しかなく、非常に稀であることを意味しています。

米国の周期ゼミは、全国的に同時に発生するわけではありません。地域によって発生する年が異なります。例えば、2016年にはオハイオ州やペンシルベニア州で17年周期ゼミが数10億匹にも及ぶほど大量発生したと言われています。一方、2004年にニューヨーク市周辺で大発生した17年周期ゼミは、2021年にアメリカ東部で大量発生しました。これらの周期ゼミの現象は、数学と生物学の交差する魅力的な事例として注目されています。

数学的なパターンを使って絶滅リスクを回避して、生存し続けている生き物がいるのは本当に興味深いです。

問題

インターネットの暗号セキュリティの技術に、
素数はどのように使われている?

暗号セキュリティは素数でできている

現代社会はセキュリティなしでは成り立たない

先ほどからお伝えしている「素数」という言葉――中学校の数学の時間に学んだことを覚えていませんか？　「習った記憶があるけれど、よく覚えていない」という人も多いかもしれません。素数とは、1と自分以外で割り切れない数のことです。2、3、5、7、11、13……といった数です。一方で1、4、6、8、9、10といった他の数で割り切れてしまう数は素数ではありません。

実は素数とは、現代の私たちの生活にものすごく重要な役割を担っている存在なのです。特に、現代の私たちには欠かすことのできないインターネットで活躍しています。日常生活の至る所でインターネットは使われるようになり、便利な世の中になりました。スマホからSNSや動画を楽しむだけでなく、買い物をするときにはカード決済や、ネットバンキングを使ったキャッシュレス決済の利用も増えてきました。

そんなネット社会で必要不可欠なのが「セキュリティ」です。インターネットを安心して使えるのは暗号によるセキュリティがあるからこそです。特に「ＲＳＡ暗号」という暗号セキュリティがそのほとんどを占めています。ＲＳＡ暗号があるからこそ、インターネット経由で安心してＳＮＳが見られて、買い物ができるといっても過言ではないでしょう。

メールや飛行機や新幹線など交通機関の予約システム、オンラインバンキング、デジタル署名、パスワード管理など、ＲＳＡ暗号は私たちの日常生活のいたるところで使われています。

実はこのＲＳＡ暗号、何を隠そう「素数」を利用して作られているのです。

素数の「見つけにくさ」を利用する

では、想像してみてください。例えば、２４７という数を見たときに、これが素数であるか否か、パッとわかりますか？

これが暗号技術に素数が使われている理由です。ＲＳＡ暗号では、二つの大きな素数を選んで掛け合わせ、その積（掛け算の解）を元にした数を公開鍵の一部として使います。しかし、この積から元の二つの素数を見つけ出すのは、人間はもちろん、コンピューターでさえ膨大な計算量となり、非常に時間がかかります。この素数の特性が、ＲＳＡ暗号の安全性を支えているのです。

例えば、15という数があったとします。これが3と5という素数の掛け算であることはすぐにわかります。しかし、もし数がもっと大きくなったらどうでしょう。数が巨大になると、その数を作った元の素数を見つけ出すのは、とても困難になります。

冒頭の２４７という数においても、これが暗号化されたメッセージだとしたら、解読するには13で割る必要があります。しかし、この２４７がどの数で割れるのかは、一見してわかりません。２で割り切れるか３で割り切れるか５で割り切れるか７で割り切れるか……。13でやっと割れた、と最初から順番に見ていかなければ正解にたどりつかないのです。これがもっと大きな数だとしたら、求める素数を見つけるには膨大な時間がかかることになります。これが素数による暗号化の優れている点なのです。

厳密には他の数学の性質も使って暗号が作られていますが、素数を使った暗号化技術が、現在のインターネットセキュリティのベースとなり、広く使われているのはこういった性質が背景に潜んでいます。

キャッシュレス決済の際もＲＳＡ暗号を使うことで、あなたが入力した情報は暗号化され、インターネットを通じて安全に店まで送られます。店側では秘密鍵を使ってこの情報を復号し、取引を進めることができます。これにより、情報が途中で盗まれても、暗号化されているため安全が確保されるのです。

ＲＳＡ暗号は、このように私たちの日常生活で広く使われている重要な技術の一つです。

◆RSA暗号の仕組み

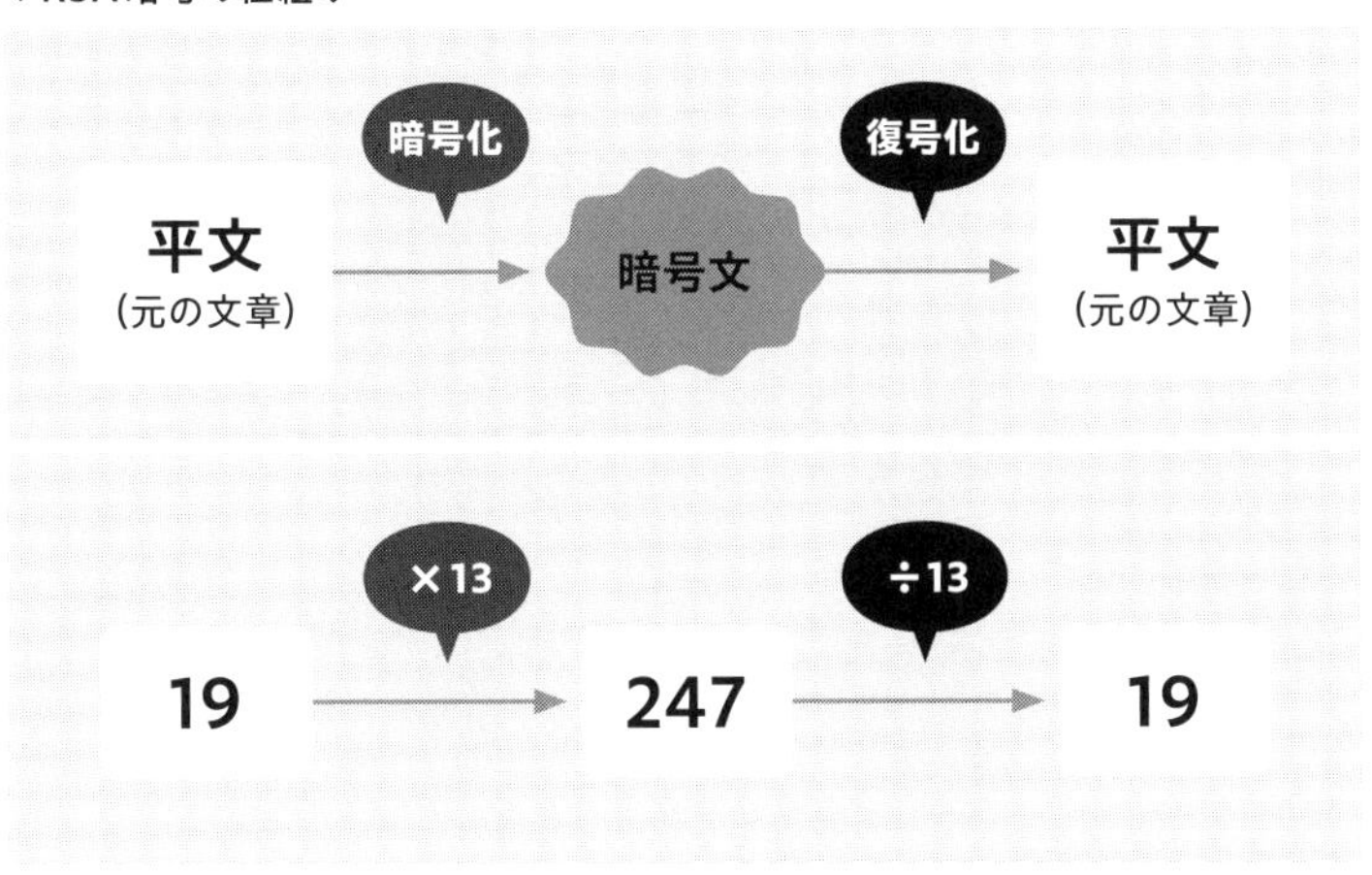

◆簡単な暗号の一例

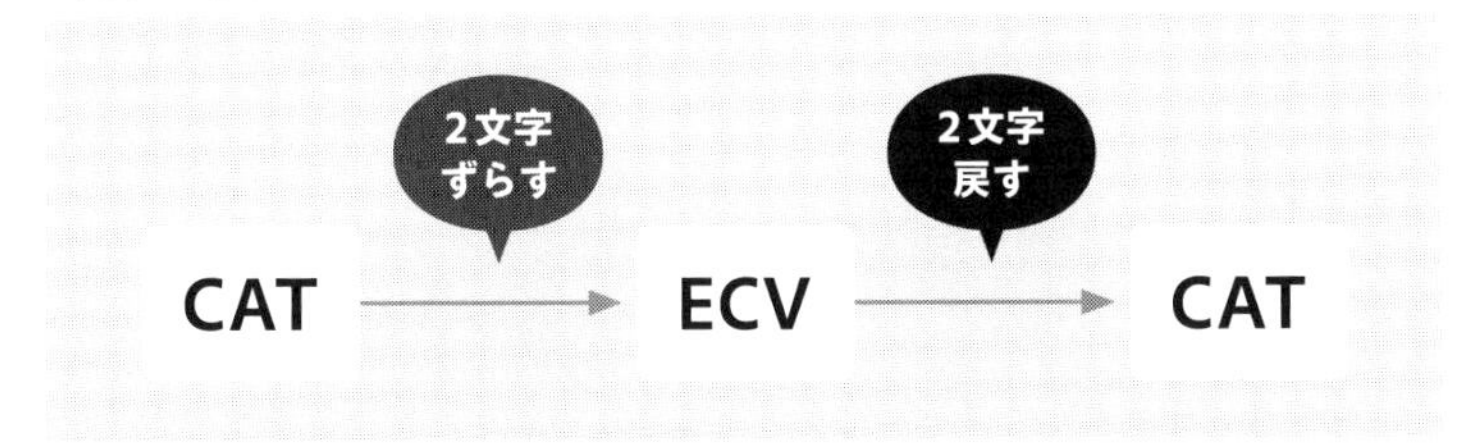

暗号セキュリティは「解けないパズル」になった

「解けないパズルはない」と断言する人もいるかもしれませんが、インターネット上のセキュリティは、まさに「解けないパズル」が使われています。

暗号は、伝えたいメッセージを他人にはわからないように変換することです。例えば、「CAT」という言葉があったとします。それぞれの文字をアルファベット順に二つ後ろの文字に変えて「ECV」にするというのも一種の暗号化です。しかし、この暗号技術は比較的単純なので、ルールが第三者に一度バレてしまうと、簡単に解読されてしまうという欠点があります。

そうはいっても完璧な暗号はありません。だからこそ、暗号技術は日々進化しているのです。さらに複雑な計算を加えることで、より安全に情報を守るために工夫を重ねていかなければなりません。

例えば、大きな素数同士を掛け合わせることで、とても複雑な数が生まれます。この数が暗号文となり、その元の素数を知らない限り、解読が非常に難しく時間がかかるのです。

ここで面白いのは、**素数は無限に存在するという事実**です。どんなに大きな数でも、その数より大きい素数は必ず存在します。そのため、暗号技術では常に新しい素数が探求されています。もし、素数に限りがあった場合は、今のようなセキュリティは存在しなかったかもしれません。

公開鍵と秘密鍵

こうした、大きな素数同士を掛け合わせることによって、解読がほぼ不可能な暗号のことを、「公開鍵暗号」といいます。これらはインターネットのセキュリティやデジタル署名に広く使われています。

前述の通り、公開鍵暗号は、一方の鍵（公開鍵）で送りたいメッセージを暗号化し、開封するときにはもう一方の鍵（秘密鍵）でしか解読できないという仕組みです。公開鍵は誰でも知ることができるけれど、秘密鍵はメッセージを受け取る側だけが知っているのです。これにより、セキュリティをより強固に保っています。

暗号セキュリティと素数の組み合わせが、どのようにして私たちの安全を守っているのかを知ると、数の不思議と奥深さをより実感できるのではないでしょうか。次項では、この「素数」の魅力にとりつかれた数学者たちの話をご紹介します。

世界で知られている
最も大きな素数は何桁？

数学者がハマる素数の魅力

素数には法則性がありそうで、ない！

数学が得意だという人のなかには「素数」が好きという人がたくさんいます。もちろん、そうでない人もいますし、数学は苦手だけど素数にはなんとなく魅力を感じるという人もいるかもしれません。

素数とは、1とその数自身以外には約数を持たない数のこと（例えば、2、3、5、7、11、13、17、19、23、29など）。素数がどのように分布しているかは予測不可能です。むしろこのランダムさが何世紀にもわたって素数が数学者たちを惹きつける魅力となっています。不思議だけど面白い存在、それが素数です。

素数には法則性があるようでないことを事例でご紹介します。例えば、31は素数です。続いて331も素数で、3331、33331、333331、3333331、33333331と3が七つまでは素数なのですが、333333331と八つ並ぶと素数ではなくなります。**法則性がありそ**

うでないところが素数の興味深いところです。

31　素数
331　素数
3331　素数
33331　素数
333331　素数
3333331　素数
33333331　素数
333333331　素数ではない

また、素数自体は無限に存在することがわかっていますが、どんな大きな素数があるかはまだわかっていません。今現在も大きな素数を探す研究が行われています。

「そんなもの、スーパーコンピューターを使って探せば簡単に見つけられるのでは?」と思う方もいるでしょう。

しかし、そんな簡単な話ではありません。そもそもコンピューターは人間が作ったプログラムに従って動くので、人間が素数を探す方法を持っていなければ、コンピューターを使っても難しくなるからです。前述の通り、素数に法則性がないからこそ、それは非常に難しい行為なのです。

ある数が素数かどうかを調べるためには、実際にその数を小さい数（正確には、小さい素数）から順番に割ってみて、割り切れるかどうかを調べていくという方法があります。小さい数なら現在のコンピューターの処理速度があれば一瞬で計算はできますが、桁が増えれば増えるほどコンピューターでも手間と時間がかかる作業となります。今現在はこの方法よりもある程度効率の良い方法は見つかっているものの、やはり、調べたい数が大きくなるとコンピューターでも時間はかかります。

このように「素数であるか判別するのに手間がかかる」という性質を利用して開発されている暗号が存在することを前述しました。新しい方法が見つかるまでは、人間もコンピューターも一生懸命素数を探すしかありません。

最大の素数は無量大数をはるかに超えて、かつ無限にある

２０２３年６月時点で知られている最大の素数は、２の８２５８万９９３３乗－１です。この素数は２０１８年に発見されました。これは「メルセンヌ素数」と呼ばれる種類の素数です。

メルセンヌ素数は、２のｎ乗－１で表します。この特定の素数は、２４８６万２０４８桁の長さを持ち、これまでに知られているなかで最も大きな素数といわれています。ちなみに、無量大数は10の68乗ですから、この最大の素数がいかに大きい数なのかがわかるでしょう。

２の８２５８万９９３３乗－１が素数であることを証明するには、最新のコンピューターを使ったとしても、途方もない時間がかかります。

メルセンヌ素数が本当に素数であるかを確認するには「リュカ－レーマー・テスト」というアルゴリズムが一般的に使用されます。

それでも、非常に大きな数に対しては膨大な計算能力を必要とします。例えば、過去に発見された大きなメルセンヌ素数を検証するために、多数のコンピューターの計算能力を統合してフル回転したにもかかわらず、数週間から数カ月かかりました。

また、素数は無限にあるといわれています。これを証明したのが古代ギリシャの数学者ユークリッドです。ユークリッドはもし素数が有限個だったら、最大の素数が存在するはずだと考えました。

そこで、「すべての素数を掛け合わせて、さらに1を足した数」を考えてみることにしたのです。例えば、2、3、5という素数しか世の中に素数が存在しないとしたら（つまり、最大の素数は5であるとしたら）、2×3×5＝30に1を足して、31という数ができます。この新しい数（この場合は31）は2、3、5のどの素数でも割れません。それぞれの素数で割ったときの余りが必ず1だからです。したがって、この新しい数は新しい素数であるということになります。

ここで大切なのは、「新しい数は、今までのどの素数とも違う」ということです。素数が有限だと仮定しても、新しい素数を作り出すことができてしまう。つまり、素数には終わりがなく、無限に存在するということになります。

ユークリッドのこの証明は、とても巧妙で美しいものです。たった一つの数学的な工夫で、素数の神秘的な性質が明らかにされたのです。

兄さん5時にセブンイレブン父さんいないけれど行く兄さん。
肉は最低みなで41円しか予算がないしなぁ、
ごみをゴクっと飲んで六井さんがむなしく泣いた。
ナミも泣くし破産し白紙にしてくんな

2、3、5、7、11、13、17、19、23、
29、31、37、41、43、47、
53、59、61、67、71、
73、79、83、89、97

語呂合わせで覚えてしまえ！

素数を一つひとつ確かめるためには時間がかかりますが、ある程度の大きさまでは「語呂合わせで覚える」という方法がおすすめです。

100までの小さい素数――2から97までの素数については、上図のようなフレーズで覚えることができます。

実はこの方法がもっと役立つのは、次のページのようにさらに大きな素数を覚えたいときです。数字が大きくて覚えにくくても、語呂合わせで覚えやすくする方法を紹介します。この方法を使えば、大きな素数も忘れずに覚えられるようになります。

ぜひ素数表などを見ながら、自分だけの語呂合わせ素数を見つけてみてください。

大きな素数の語呂合わせの例

149	意欲
373	南
593	コックさん
829	焼肉
919	クイック
1013	問三
1019	トーイック
1021	トニー
1031	トミー
1123	いい兄さん
2029	臭う肉
2311	兄さんいい
2917	にくいな
3169	再録
4219	死に行く
4519	死後行く
4919	よく行く
5147	恋しな
8623	ハロー兄さん

なぜ音楽はすべて12音でできているの？

音律の祖は数学者ピタゴラス

波と音を結びつける、万国共通の数「HZ(ヘルツ)」

オーケストラのコンサートに行ったことがある人は、演奏の前に楽器の音を合わせるチューニングをしているのを見たことがあると思います。また、ロックバンドのライブなどでも、本番中にギターやベースが弦のチューニングをしていることがあります。

ギターの場合、5弦(上から5本目の一番低い音を奏でる弦)から音を合わせます。5弦は「A(ラ)」の音です。オーケストラのチューニングでも、通常はオーボエ奏者が「A(ラ)」の音を吹くことからはじまります。その音に合わせて他の楽器も「A(ラ)」を鳴らして全体で調整していくのです。オーボエはその明瞭な音色と音程の安定性が高いため、チューニングの基準として選ばれることが多いです。

「A(ラ)」は、周波数に直すと440Hzです。チューニングの際は、国際基準で「A(ラ)」の440Hzが設定されたチューナーを用いいます。音は、空気が振動する波(周波数)でできていることは皆さんもご存じだと思います。その波（周波数）と音を結びつける、万国共通の数（Hz）があるからこそ、誰もが等しく「A（ラ）」の音を基準にできるのです。

12音は等しい周波数比でできている

日本ではドレミファソラシドの表記（ドレミ表記）が一般的ですが、欧米ではABCDEFGで表記（ABC表記）し、この「ドレミ…」や「ABC…」を音階といいます。前述の通りラがAに該当します。

そして、ドからはじまり、次の一つ高いドまでを「1オクターブ」といいます。

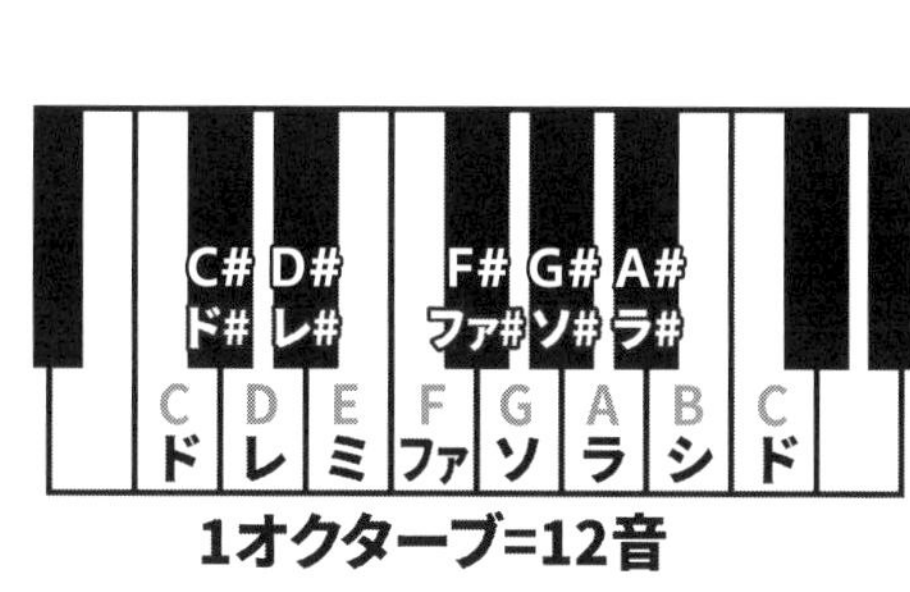

1オクターブ=12音

「1オクターブ」は正確に言うと「ド・ド#（レb）・レ・レ#（ミb）・ミ・ファ・ファ#（ソb）・ソ・ソ#（ラb）・ラ・ラ#（シb）・シ」の12音になります。

これはオクターブの各音階（12の半音）が等しい周波数比を持つように調整されていることを意味します。この比率は2の12乗根（12回掛け合わせると2になる数）で、「$\sqrt[12]{2}$」と書きます。小数に直すと、1.0594630943592952645618252949461……と、どこまで行っても割り切れない数字になります。

隣接する二つの音の周波数比は、常にこの約1.05946になります。この比率を用いることで、どの音から始めても12の半音先は元の音の周波数のちょうど2倍、つまり1オクターブ上の音に到達します。

この仕組みのおかげで、異なるキーで曲を演奏しても、音の関係性（ハーモニー）が変わらないため、転調が容易になって、さまざまな音楽の表現が可能になりました。これを平均律といいます。平均律はバロック時代に確立され、特にバッハの「平均律クラヴィーア曲集」によって広く知られるようになりました。

ちなみにこの平均律は、1636年にマラン・メルセンヌというフランスの神学者で、数学・物理・哲学・音楽理論の研究者でもある人物が確立させました。「メルセンヌ素数」の名の由来ともなり、音響学の父とも呼ばれる人物です。

ABC表記	周波数比
C（高いド）	2
B	1.88775
A♯	1.7818
A	1.68179
G♯	1.5874
G	1.49831
F♯	1.41421
F	1.33484
E	1.25992
D♯	1.18921
D	1.12246
C♯	1.05946
C（低いド）	1

ピタゴラスが、音を数で表した

実は、この「ラ（A）」などがどのような高さの音を意味するのかというルール作り――「音律」を世界で初めて体系的に定めたのは、「三平方の定理（ピタゴラスの定理）」を生んだ数学者・ピタゴラス（紀元前580頃～500頃）でした。といっても当時は、『ラ（A）』は440Hz」という絶対的な音の高さの概念ではなく、あくまでも「ド（C）」と「ラ（A）」の音の関係はどのようなものか、といった相対的な概念です。しかしこれにより、音楽を記録する楽譜が生まれ、楽譜を見て音楽を再生することなどができるようになりました。

ピタゴラスは、「万物の根源は数である」――つまり「自然現象は一定の法則に支配されており、しかもその法則は数式で表せる」と考えていました。

こんな逸話があります。ある日鍛冶屋で、ハンマーが鉄を打つ音に「調和する」ものと「調和しない」ものを聴き取ります。「調和する」ハンマーを調べてみれば、重量の間に単純な整数比の関係がみられることがわかりました。ピタゴラスはこれを一弦琴に置き換えて考え、実験を始めたというのです。

すると、弦の長さの半分の位置を押さえると、音の高さが1オクターブ上がる（高さが違う同質の音）ことを発見しました。つづいて1オクターブの間で、「最も調和する音」を確認すると、元の長さの弦と、それを2／3にした弦を鳴らしたときだとわかりました（例えば『ド（C）』と『ソ（G）』

など)。「ド(C)」と「ソ(G)」の比が3:2(3/2=1.5倍の周波数)であることから、この比を「完全5度」と定めます。

ピタゴラスは、このように協和する音を確認しながら、3倍音と、2と3という素数を組み合わせて、1オクターブ12音からなる音律「ピタゴラス音律」を作りました。

ピタゴラス音律の限界と平均律に進化した理由

先述の通り、音の正体は空気の振動です。1秒間当たりの空気の振動回数を、周波数(Hz)といいます。音の高さは周波数と対応しており、「周波数が大きい」ほど「高い音」として知覚されます。

もし、440Hzの音が出る一弦琴の弦の長さを半分にしたら(1オクターブ高い音になったら)、その振動数はどうなるでしょうか?

答えは、倍の880Hzになります。

つまり、ピタゴラスが弦の長さを半分にして「1オクターブ」として認識した音は、振動数が倍の音だったのです。

ちなみに1939年、ロンドンで開催された国際会議にて「『ラ(A)』の振動数は440Hz」という「国際標準ピッチ」が定められました(それ以前は、各時代、国、都市によって、音高が異なっていました)。

なぜピタゴラス音律が、現代では平均律に変わったのでしょうか? ピタゴラスは周波数を音律で分けなければいけないときに、整数であることにこだわりました。先述の通り、ピタゴラスと彼の学派は「万物の根源は数である」という哲学的な信念を持っていました。音楽や、宇宙の秩序などを数学的な比率で理解しようとしたため、音階を整数にしようとしました。しかし、整数にしてしまうと、「ピタゴラスコンマ」と呼ばれるズレが生じ、和音や転調の際に違和感が出てしまうため、次第に平均律に進化していったのです。

とはいえ、ピタゴラス音律は紀元前500年頃から少なくとも16世紀ごろまで、およそ2000年以上もポピュラーな音律として使われつづけました。その短所を克服すべく新たに作られたメルセンヌによる平均律なども、ピタゴラス音律をいかに改良(マイナーチェンジ)するかという目標を掲げて作られています。

「万物の根源は数である」という信念のもと、音を整数で解く試みを行ったピタゴラス、そしてそれをよりフラットに進化させたメルセンヌらの偉業が、おわかりいただけるでしょうか。数学と音楽の親和性の高さを物語っています。

日本人の30代は何人いる?

フェルミ推定で大まかな答えを導き出そう

ニュースで得た知識や一般常識をヒントにする

「日本には30代の人がどのくらいいるか?」といきなり質問されたとします。正確な答えを出すためには、人口統計を一つひとつチェックする必要がありますが、それでは時間がかかってしまいます。ここで「フェルミ推定」を使えば、もっと手早くおおよその答えを出すことができます。

フェルミ推定とは、正確に把握するのが難しいデータや数値に対して、論理的な思考を頼りに、大まかな答えを出す手法です。就職活動の試験や転職時の面接などで出題されることがあるので、知っている方も多いと思います。

まず自分が知っている情報から考えることをはじめます。例えば、日本の人口が約1億2000万人であることは一般常識として大抵の人は知っているでしょう。

0歳から100歳までの人たちがいるとして、100で割ると1歳ごとに約100万人いると考えられます。ただし、実際には年齢が下がるほど人口が少なくなる傾向があるので、30代の人口はもう少し多いかもしれないと予想できます。

ここで、最近のニュースや知識を役立てます。「今年成人式を迎えた人の数」や「新生児の数」などの情報を考えると、これらの数字は100万人を切っているといわれています。だから、30代の人数はそれより多いはずです。

そこで、ちょうどいいと思える数字を考えてみます。100万人は少なすぎるけど、200万人は多すぎる。だから、30代は1歳ごとに150万人くらいいると考えて、30代全体だと10倍して1500万人くらいかな、と推測するわけです。実際30代の人口は約1800万人なので、この推測はかなり近い数字です。

このように、フェルミ推定の方法を取り入れれば、難しい問題ももう少し手軽に考えられるようになります。

答えは正確でなくてもよい

フェルミ推定をするときは、答えが正確でなくても問題ありません。重要なのは、だいたいの数を当てることです。とはいえ、もちろん答えにはある程度の幅があります。例えば、30代の人口を推測して1500万人と答えが出たとして、実際の人口が1600万人だったとしても、フェルミ推定では「正解」です。ところが9000万人とか、800万人以下という回答はあり得ません。日本の人口全体が1億2000万人なので、そのほとんどが30代というのはおかしいし、最近になって出生数が年間100万人を切るようになったと喧伝されるようになったのですから、少なすぎる数字も誤りです。

フェルミ推定ができるようになると、世の中のことを大きな視点で見る力がつきます。物事の全体像をつかむことができるようになるのです。仕事でプロジェクトを進めるときや、新しいことに挑戦するときなど、どれくらいの規模で、どれくらいの時間が必要かを大まかに予測できます。フェルミ推定はただの計算方法ではなく、物事を広い視野で見る訓練にもなるのです。

「知識」「経験」「立式」の三要素を用いる

フェルミ推定で大事なことは、「知識」「経験」「立式」という三つの要素です。これらを上手に使って、問題に答える方法を考えてみましょう。

まず「知識」ですが、フェルミ推定をするには、詳しい情報は必要ありません。重要なのは、基本的な知識です。例えば、「日本の人口はどれくらいか」「毎年生まれる子どもの数はどれくらいか」というような、常識の範囲でだいたいの数字を知っていることが役立ちます。

次に「経験」です。これは、自分が今までに見たり聞いたりした情報をうまく使うことです。例えば、ニュースで「新生児の数が最近減っている」と聞いたことを思い出すと、その情報を使って計算を進めることができます。自分の経験を信じて、それをヒントに推測するのです。

最後に、「立式」です。これは、知っていることや経験したことを基にして、計算式を組み立てることです。例えば、日本の人口を年齢別に分けてみたり、1世代当たりの人数を割り出すために10年分足してみたりします。このようにして、問題を解くための式を作り、答えを出します。

次のページには、フェルミ推定に役立つ一般常識や知識をまとめました。知っておくことで、限られた情報から論理的な推測を立てられるでしょう。日常生活のさまざまなシーンで役立つだけでなく、複雑な問題を単純化し、大まかな推定を行う際の基礎となります。

フェルミ推定で覚えておきたい一般常識

- 日本の人口……………………約1億2400万人
- 日本の面積 …………………約37.8万km^2
  (約40万km^2: 山地 約70%、平地 約30%)
- 世界の人口 …………………約80億人
- 地球1周の距離……………約4万km
- 地球の表面積 ………………約5億km^2
- 世界の国の数 ………………196カ国
- 日本人の平均寿命…………84歳(男性81歳、女性87歳)
- 日本全国の世帯数…………約6000万世帯
- 日本の1年の出生数………約72.6万人
- 日本の給与所得者数………約5990万人
- 日本人の平均給与…………約440万円
- 日本の大学進学率…………約57.7%
- 日本の企業の数……………約368万社
  ＊従業員300人以上は1万2000社
- 人の歩く速さ………………時速約5km
- 人の走る速さ………………時速約10km
- 音の進む速さ ………………秒速約340m
- 光の進む速さ ………………秒速約30万km
- 24時間 …………………………1440分=86400秒(約9万秒)
- 東京ドームの面積…………約0.05km^2=約5万m^2

※2024年2月現在の情報です。

歴史コラム

土地を測る、天候の動きを予測する……数学のはじまりは「図を描いて考える」から

人が何かを計算するとき、図を描いて考えることがあります。紙に書くことで、頭でグルグル考えていたことが整理されて理解が深まったという経験は多くの人が持っているのではないでしょうか。これはある意味で本能的な行動といえることでしょう。人間は数字で考えて処理するというよりは、図をイメージして処理するほうが本来の感覚に近いからです。

そこにあえて数字を用いて、数式で考えていくようになってきた変遷（へんせん）が数学の歴史といえるかもしれません。

ユークリッドの『原論』は数学の進化において非常に重要な役割を果たしました。紀元前3世紀頃にギリシャの数学者ユークリッドによってまとめられた数学の教科書とも呼べる書籍です。この本は、その後2000年以上にわたり数学教育の基礎となり、現代数学の礎（いしずえ）を築いたといっても過言ではありません。

当初の数学は、土地を測ったり、天体の動きを予測したりするなど、実用的な必要性から生まれた学問でした。これらの問題は、主に図形を使って解かれていました。例えば、三角

形の面積を求めるには、底辺と高さがわかれば良いことを、古代の人々は図を描いて理解していました。

しかし、ユークリッドによる『原論』の登場により、数学は単なる図形の操作から、論理的思考を必要とする学問へと進化したとも言えます。ユークリッドは、明確な定義、公理（自明の理、根本的な前提）、そして定理からなる体系を構築しました。

『原論』の最も有名な例は、ピタゴラスの定理の証明です。ピタゴラスの定理は、「直角三角形において、斜辺の長さの二乗は他の二辺の長さの二乗の和に等しい」というものです。ユークリッドは、図形を使ってこの定理を論理的に証明しました。

『原論』は図形だけでなく、論理的な証明という方法を数学にもたらしました。このアプローチは、後に代数や解析学など、より抽象的な数学の分野へと発展し、現代数学の基礎を築きました。

第2章

〝これもあれも〟表せる

「関数／方程式」

新聞紙が富士山の高さを超えるのは
何回折ったとき？

新聞紙を26回折ると富士山の高さを超える!?

あっという間に蓮の葉が池を覆う——「倍々ゲーム」の恐怖

環境について考えを深めるために考案された、「蓮の葉クイズ」という問題があります。次のような状況を想像してみましょう。

ある池に生えている蓮の葉が、毎日2倍ずつ増えていくとします。これが続くと、やがて池の表面全体を覆ってしまいます。その結果、水の質が悪くなり、池に住む生き物たちは生存できなくなってしまうのです。この蓮の葉は、30日後には池を完全に覆ってしまうことになります。では、池の半分が蓮の葉で覆われるのは、いつでしょうか？

「15日目では？」と考えるかもしれません。そのように考えれば、たとえ半分覆われたとしても、「あと15日で対策を練ろう」などと悠長に構えていられそうです。

しかし、池が半分覆われるのは、実は「29日目」です。「ああ、半分まで来た。そろそろ何かしなくては」と思った次の日にはすでに手遅れ。たった一日で、池は蓮の葉でいっぱいになり、池の生態系は失われてしまいます。

このクイズは、スイスにある民間の研究機関「ローマクラブ」が1972年に発表した「成長の限界」という報告書に基づいたものです。この報告書は、目に見えて環境が悪化していると感じたときには、すでに対策を講じるには遅すぎるかもしれないと警鐘を鳴らしています。この蓮の葉の増え方は、「倍々ゲーム」という言葉で表現されることがあります。

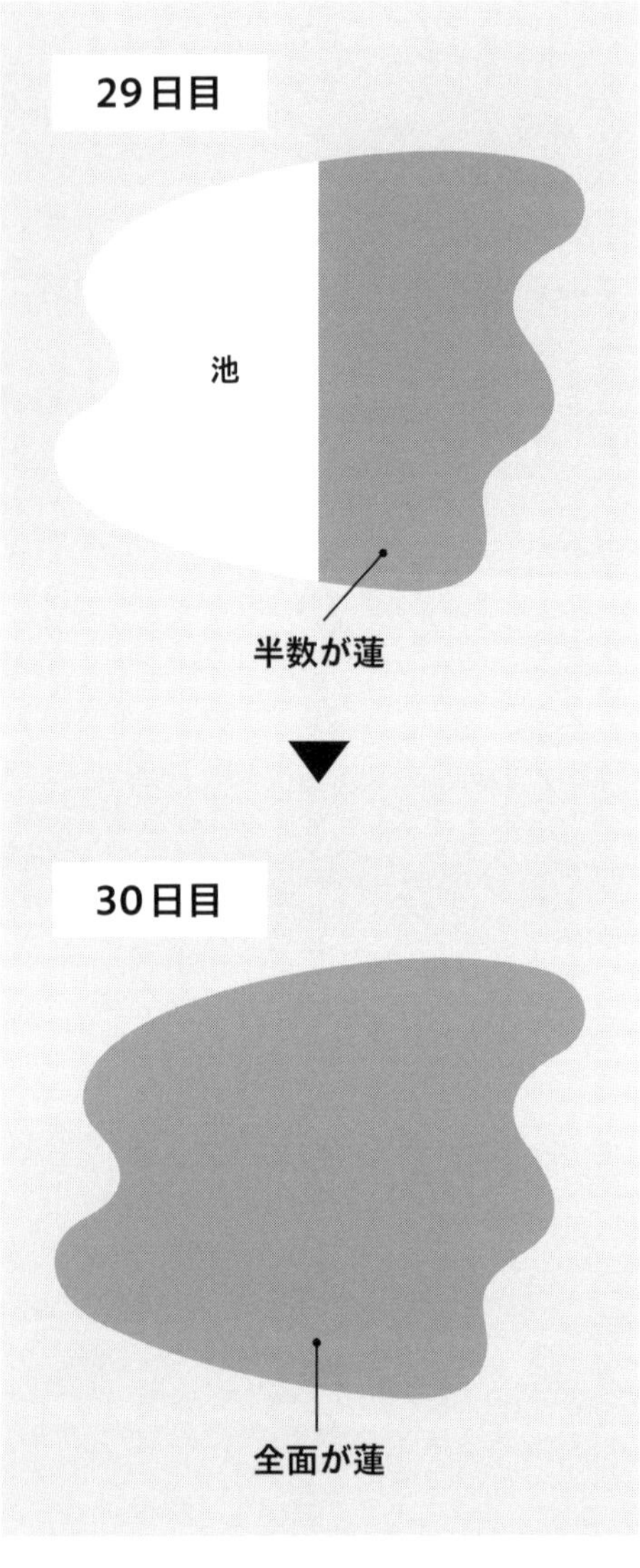

新聞紙も折れば簡単に山となる!?

例えば、こんな疑問を持つ人がいます。「新聞紙を何回折れば、富士山の高さに達するだろう?」と。新聞紙は薄いですが、一回折るごとに、倍々で厚みが増していきます。積み重なると、いつかは富士山の高さ、3776mにもなるはずです。何回折ればそうなるか、考えたことはありますか?

実際に新聞紙を手で折ってみると、7回目で約1cmになります。試してみるとわかりますが、これ以上は手で折るのが難しくなります。そこで、残りは計算で考えてみましょう。

8回目：2cm
9回目：4cm
10回目：8cm
11回目：16cm
12回目：32cm
13回目：64cm
14回目：128cm

わかりやすくするために、「約」は省略しました。14回折ると、

ようやく1mを超えます。まだまだ富士山を超えるまでの道のりは長そうです。

17回目：10m24cm
20回目：81m92cm

この段階では、まったく「山」とは言えない高さですが、「倍々」で増えていくので、一気に数が大きくなります。

21回目：163m84cm
22回目：327m68cm
23回目：655m36cm
24回目：1310m72cm
25回目：2621m44cm
26回目：5242m88cm

◆図1

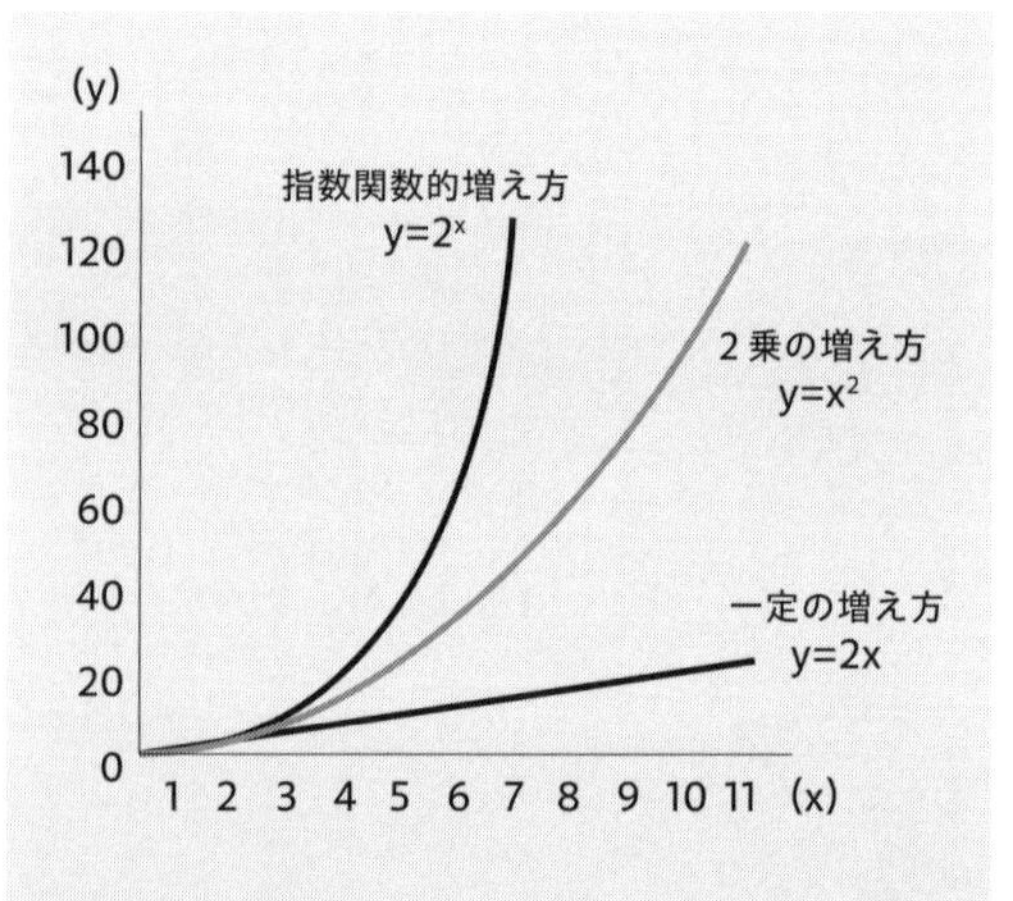

x：	1	2	3	4	5	6
$y=2x$：	2	4	6	8	10	12
$y=x^2$：	1	4	9	16	25	36
$y=2^x$：	2	4	8	16	32	64

「新聞紙を26回も折り畳めるの？」という疑問はさておき、26回折ると、富士山の高さをはるかに超えてしまいました。22回目までは「まだ低いな」という感じですが、そこから数回で加速度的に増えていきました。倍に増えていく割合は一定ですが、増える量の大きさは人が想像するよりもずっと速いのです。

「数の増え方」にはさまざまなパターンがありますが（図1）、この新聞紙のケースのような増え方を「指数関数的増え方」といいます（厳密には「指数関数」という言葉は高校数学でできます）。

秀吉を驚かせた〝指数関数的な〟お願い

倍々に増える驚きの物語に、歴史上有名な人物も感嘆したことがあります。その人物は豊臣秀吉です。当時、将軍や大名には御伽衆（おとぎしゅう）という側近がいました。御伽衆は知識が豊富で、雑談に応じたり、面白い話を提供したりする役割がありました。そのなかにユニークなとんちで、人々を笑わせた逸話を数多く残した曽呂利新左衛門（そろりしんざえもん）という人物がいました。ある日、秀吉は新左衛門に褒美を与えようと、「好きな褒美を申し出よ」と伝えました。

すると新左衛門は、大きな部屋を見回し、奇妙な願いを言いました。「部屋の端の畳1枚目に米1粒、隣の2枚目には2粒、その次の畳には4粒と、畳1枚ごとに米の数を倍にして、全部で100

畳分欲しい」と。秀吉は、これは容易な願いだと思い、すぐに同意しました。しかし、秀吉の家臣が米の数を計算し始めると、予想外の結果になりました。

10畳目では512粒、20畳目では約52万粒、30畳目ではなんと5億以上の米粒が必要でした。もし100畳目まで数えると、膨大な量、約63穣3825秭3001垓1411京4700兆粒になると計算されます。これを合計すると、約126穣7650秭6002垓2823京粒になり、現代の米の重さを考えると、約253垓5301京2004兆5646億トンにもなります。この数字を聞いた秀吉も驚愕し、新左衛門に別の願いを申し出るように伝えたそうです。実にとんちが効いていいます。

米以外にも金などいろいろなバージョンがありますが、この話が広く知られるようになったのは江戸時代のことです。権力者が困惑する様子が面白いと人々に親しまれました。

しかし、私はその話の背後にある、指数関数的な増え方、そしてそれを理解して楽しむ数学的な当時の人たちの感覚に感心します。

一方の量が増えると、
もう一方の量が減るものは何？

日常生活のなかに潜む関数たち

距離に応じて増えるタクシー料金

前項で関数という言葉がでてきました。ここで、関数のなかでもシンプルな一次関数について触れていきましょう。一次関数とは、ある数量が変わると、別の数量も一定の割合で変わる関係のことです。

私たちの日常生活のなかには多くの一次関数がありますが、タクシー料金はその典型例です。初乗り距離を超えると、距離が増えるごとに料金も一定の割合で増えていきます。式に表すと$y = mx + b$になります。yは総料金、xは初乗り以降の走行距離、mは追加料金の単位距離当たりの料金、bは初乗り料金ということになります（図1）。

◆図1

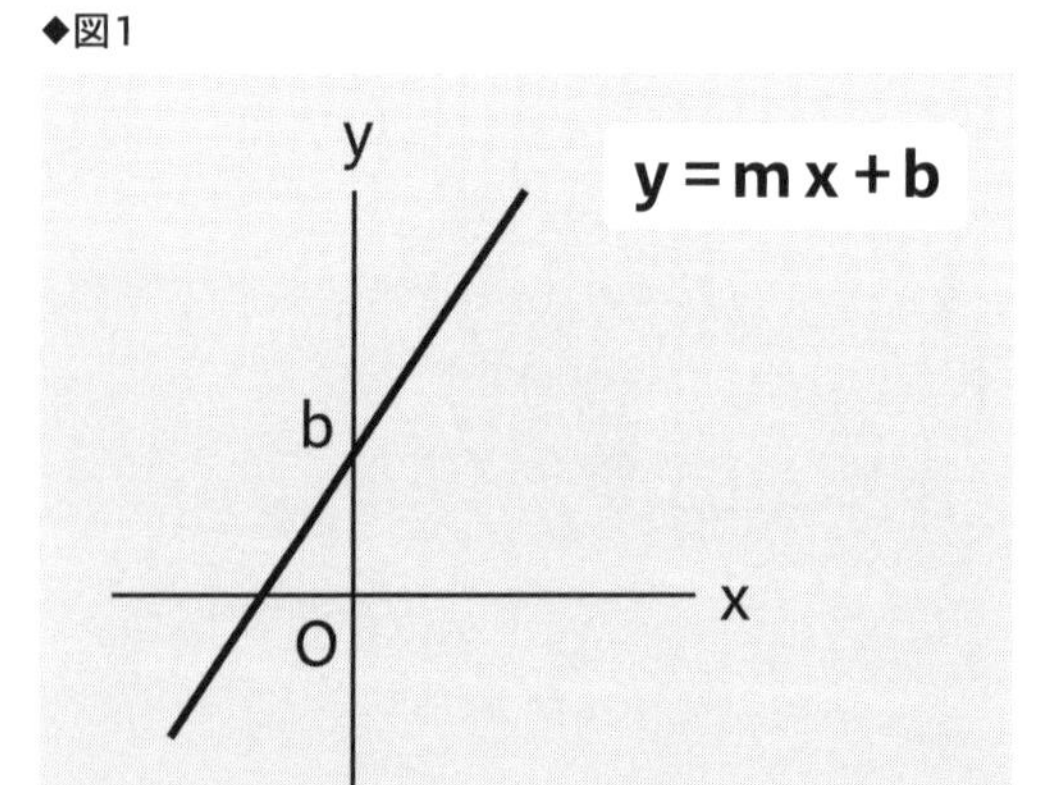

・初乗り距離内（0―1096m間は固定料金）

走行距離xが初乗り距離内の場合、料金yは初乗り料金bと等しく、追加料金はかかりません。

つまり、y＝bです。東京23区の場合は初乗り料金が500円なので、y＝500です。

・初乗り距離を超えた場合（1096m以降で降りた場合）

走行距離xが初乗り距離を超えると、追加料金が距離に応じて加算されていきます。この場合、料金yは初乗り料金b（500円）に、距離xに対して一定の割合mで計算された追加料金を加えたものになります。つまり、y＝mx＋bです。

日常のなかの一次関数たち

タクシー料金の他にも、一次関数の例はたくさんあります。

給料と昇給：一般的に入社時の初任給から、1年毎に昇給していきます。一定額で増える企業の場合、一次関数となります。

定期貯金：一定の期間を経るごとに利子が増えていきます。

◆図2

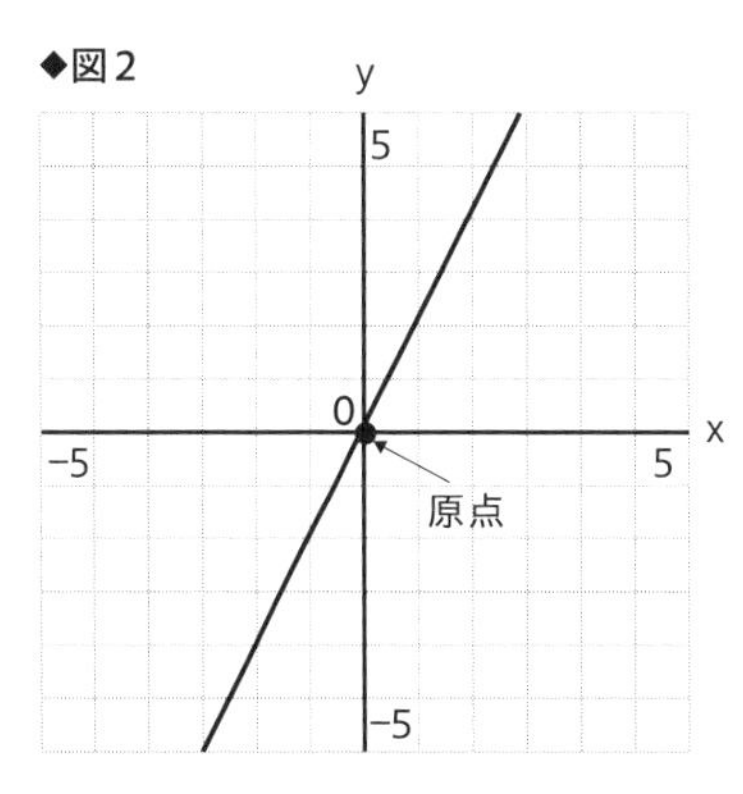

いずれも、バブル経済崩壊後の日本では、思うように増加していませんが……。

気温と音の速さ：空気中の音の速さは、気温が1度高くなるごとに、毎秒0.6ｍ速くなります。

電気、ガス、水道代：従量料金になるので、使えば使うほど、料金が高くなります。

ちなみに二つの数量が一定で変わるのであれば、「比例」と何が違うの？　と思われる方もいるでしょう。「比例」のグラフは必ず原点0を通ります（図2）。一方で「一次関数」のグラフは、タクシー料金のように、必ずしも原点を通るとは限りません。

一次関数のなかに、比例というジャンルが含まれているのです。共通しているのは、どちらも直線であることです。

ワット数の大きさと反比例する電子レンジの加熱時間

冷凍のピザを温めるとき、電子レンジを使います。仮に、電子レンジで500ワットの設定をした場合、ピザを温めるのに4分かかるとしましょう。ここで電子レンジを1000ワットに設定したら温める時間は約2分に短縮されます。ワット数が2倍になると、加熱時間は半分になるわけです（図3）。

電子レンジを使うとき、ワット数（電力の大きさ）と加熱時間（どれくらいの時間で温めるか）の関係には、「反比例」という数学のルールが隠れています。これは電子レンジのワット数が大きくなればなるほど、食べ物を温めるのに必要な時間が短くて済むという関係です。

この関係をグラフにすると、曲線が右下がりになります。

◆図3

500ワット×4分	→	2000	数字が一定になる！
1000ワット×2分	→	2000	

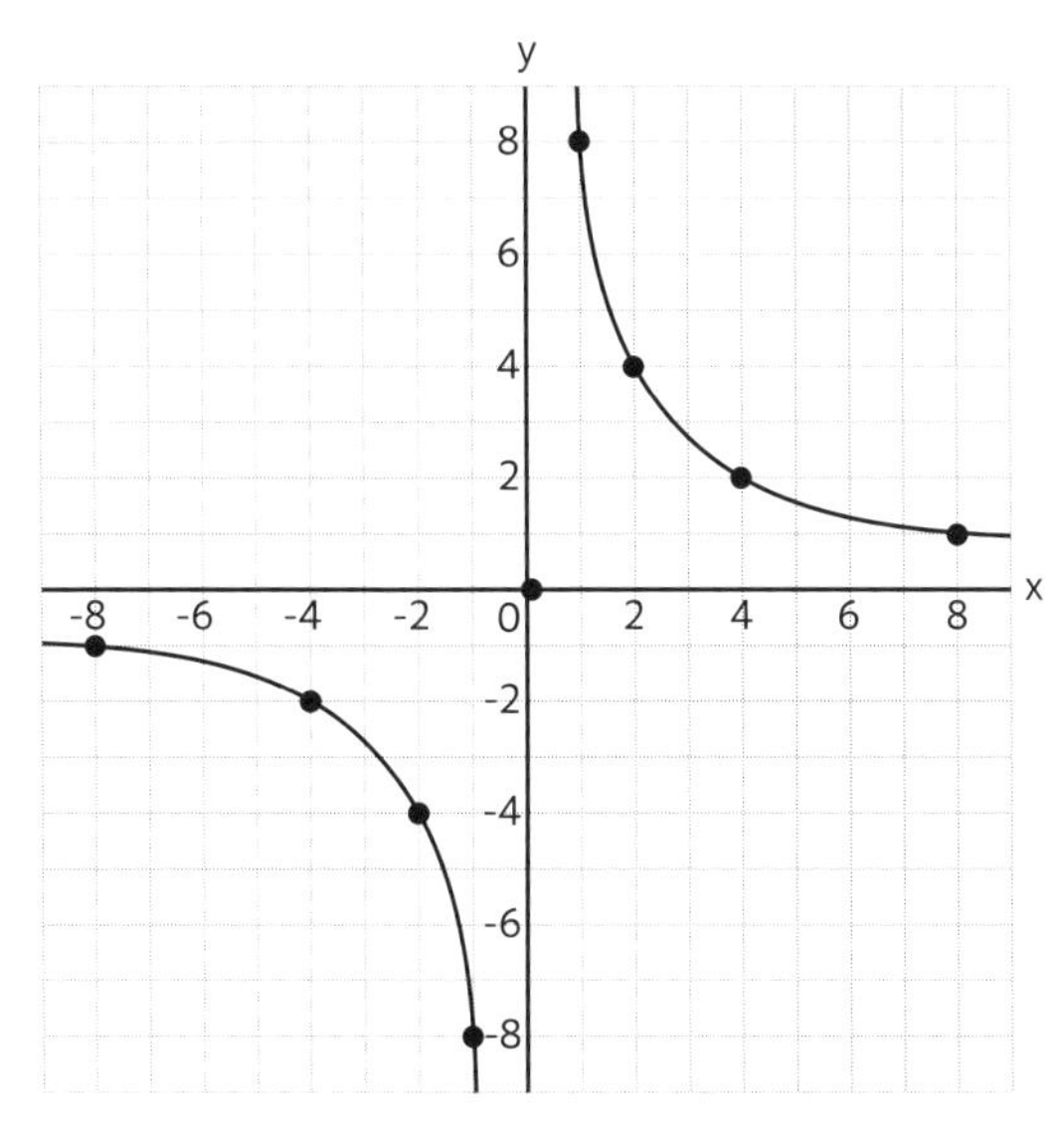

$y = \frac{8}{x}$ → $x \times y = 8$　$x \times y$ は常に一定

日常生活にある反比例たち

反比例は、一方の量が増えると、もう一方の量が減る関係です。日常生活のいろいろな場面でこの原理を見つけることができます。

歩く速度と到達時間：歩く速度が速ければ速いほど到達時間は短くなります。
水量とタンクが満タンになる時間：蛇口を大きく開けて水量を増やすほど、タンクが満タンになるまでの時間が短くなります。
照明の明るさと点灯時間：一定の電気代の範囲で照明を暗くすればするほど点灯できる時間が長くなります。
働く人数と仕事の完了時間：ある仕事を行うのに人数が多いほど、その仕事を終えるのに要する時間が短くなります。
塗料の厚さと塗れる範囲：一定の塗料において塗料を厚く塗るほど、塗れる範囲が少なくなります。
加熱器具の火力と火が通るまでの時間：火力を強くするほど、食材に早く火が通ります。
散水量と植物の成長速度：植物に与える水の量が多いほど、成長が早くなることがあります。
パソコンの処理能力とタスクの処理時間：パソコンの処理能力が高いほど、同じタスクを処理するのにかかる時間が短くなります。

エネルギーの総量が一定である場合、そのエネルギーを使う対象が増えるほど、各対象に割り当てられるエネルギーの量は減ります。逆に、使う対象が減るほど、より多くのエネルギーがそれぞれに割り当てられます。

例えば、ある量の食料をある数の人で分け合うとします。人が少なければ少ないほど、1人当たりがもらえる食料の量は多くなります。逆に、人が多くなればなるほど、1人当たりの食料の量は少なくなります。ここで言う「食料の量」と「人数」の関係が反比例の関係に当たります。

このように、あるものの量が一定である場合、それを分け合う対象の数とその対象一つひとつが受け取る量は、互いに反対の方向に変化するというのが反比例の基本的な説明です。

あまりに身近すぎて反比例だという感覚がない人も多いかもしれません。

反比例は、二つの変数の掛け算が一定である関係を指します。一方が増加するともう一方が減少し、その逆も同様です。また、速度が増加すると、同じ距離を移動するのに必要な時間が短くなるのも同じ原理です。それぞれ二つが対する関係になっているので、どちらをどの程度優先するか、という考え方が大切になりますね。電気代を抑えるために暗すぎてもいけませんし、時間を短縮しようとして急いで体力を使い過ぎてもいけません。何事もバランスを考えることが大切です。

パラボラアンテナが皿のような形をしているのはなぜ？

パラボラアンテナの形は二次関数

電波が一カ所に集まりやすい

日常生活でよく目にするものに、二次関数のグラフと同じ形をしているものがあります。「パラボラアンテナ」です。

パラボラアンテナがどのようにして電波を集めるか、図1で簡単に説明しています。

空から飛んでくる電波は、アンテナの丸くてくぼんだ部分に当たります。そして、跳ね返り、一カ所に集まるのです。この特別な場所を「焦点」と呼びます。焦点に電波が集まってくるのは、パラボラアンテナの形状が二次曲線の放物線だからです。**放物線は、ある固定点（焦点）からの距離と、ある固定直線（導線）からの距離が等しくなる点の集まりです。**この性質のため、放物線の形をしたアンテナに平行に電波が到達すると、どの位置で反射されてもその電波は放物線の焦点に向かって進みます。こうしてパラボラアンテナは、入ってくる電波をすべて一点に集中させられるのです。

パラボラアンテナは、この焦点に電波を集めて、テレビやラジオの信号を受け取ります。

アンテナが大きければ大きいほど、たくさんの電波を集められます。例えば、星や宇宙のことを調べる「電波望遠鏡」はとてつもなく大きいです。そのなかでも世界最大のものは、中国にある「天眼」という通称の望遠鏡で、直径は500mもあります。アンテナを大きくすることで、遠くにある星の放つ微細な電波も集められるのです。

◆図1　パラボラアンテナの仕組み

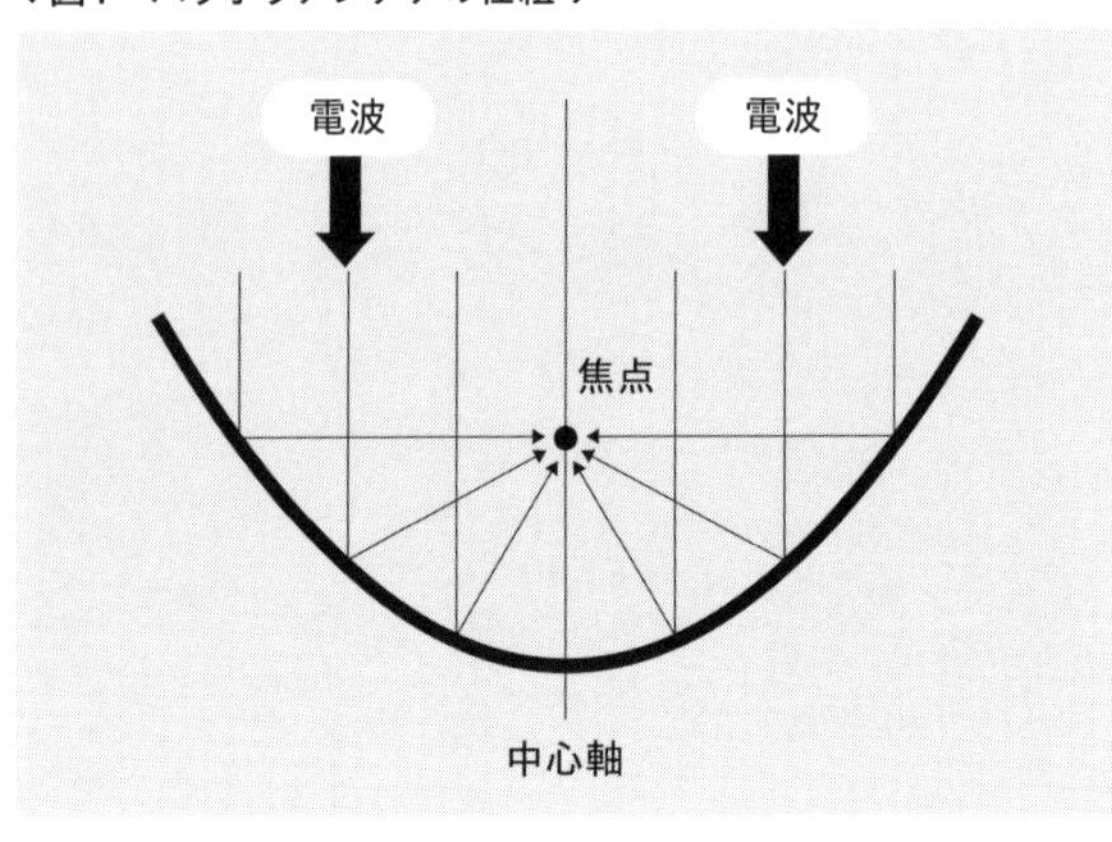

では、このパラボラアンテナの形――つまり放物線は、どのような二次関数の式で表せるのでしょうか。二次関数のグラフには、U字型やお椀型、浅いお皿の形など、いろいろな形があります。それぞれの式は違うように見えますが、実はこれらの放物線の形は、基本的にはすべて同じです。「えっ、でも全然違う形に見えるよ？」と思うかもしれません。$y=x^2$、$y=\frac{1}{4}x^2$では、放物線の広がり方が違って見えます。

しかし、放物線には「すべて相似である」という特別な性質があります。「相似」とは、一つの形を大きくしたり小さくしたりして、別の形とピッタリ合わせられることをいいます。二次関数のグラフは、同じ形のグラフの全体を

◆図2　二次関数のグラフは相似だった

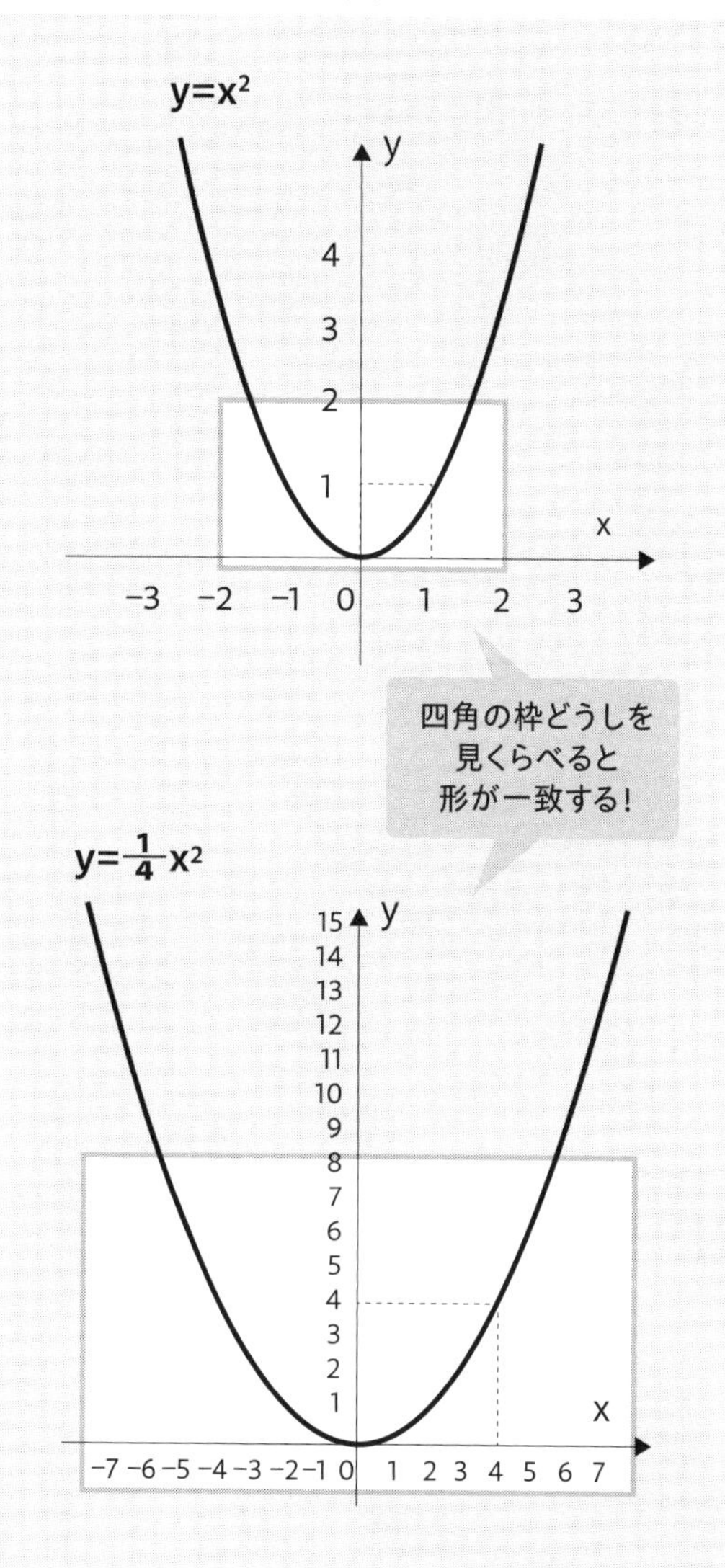

見ているか、ズームアップして一部だけを見ているかの違いだけで、本当は「同じ形」だったということです。例えば、放物線の中心部を大きくしてみると、別の放物線と同じになります（図2）。

二次関数と聞くと、「数学って難しい」と抵抗感を抱かれる方も多いかもしれません。ところが、

◆パラボラアンテナ(上)と電波望遠鏡(下)

実際には二次関数はシンプルで、私たちの日常生活のいろいろなところにあります。事実を知ることで、興味を持ってくれたら嬉しいです。数学は意外と身近なところにあって興味深い存在なのです。

問題

会社で成果を生み出している人は何割くらい？

たった2割の人が8割の売り上げを出している!?

どの組織にも見られる「パレートの法則」

中学生や高校生のころ、このような経験はありませんか？　文化祭や体育祭などの行事に際して積極的な人とそうではない人に分かれていて、なかなか準備が進まなかった……という経験。遠い昔のことなのであまり覚えていない、という人もいるかもしれませんが、がんばって思い出してみてください。

行事に対してとても積極的な学校だと、あまりそういった経験はないかもしれませんが、多くの学校はこのような現象が起きていたかもしれません。例えば30人のクラスのうち5、6人はとても積極的で、残りの人は言われたら動く……といったような現象です。これは「パレートの法則」と呼ばれる法則です。

パレートの法則とは、「全体の成果の大部分（8割）は、そのなかの少しの構成要素（2割）から生まれている」という考え方を表しています（図1）。日本では「80：20の法則」とか「8：2の法則」と呼ばれることもあります。

この法則は、先ほどの例にとどまらず、経済やその他日常生活のさまざまな場面にも当てはまります。

例えば、お店で商品を売るとき、商品のうちの少しの種類だけが、売り上げの大部分を占めていることがよくあります。ケーキ屋さんで売っているケーキのうち、定番の2割が8割の売り上げを占めているというように。これもパレートの法則の一例です。

会社でもパレートの法則は見られます。たくさんの社員がいる会社で、実はそのなかの少しの社員（2割）だけが、会社の利益の大部分を生み出していることがあります。

また、人間にとどまらず働きアリの世界でも同じようなことが起こります。群れのなかの少しのアリ（2割）だけが、活動の大部分を担っていて、残りの多くのアリ（8割）はそれほど活発には動いていません。そして、働いているアリを別の場所に移しても、また新たな2割のアリが主に

◆図1

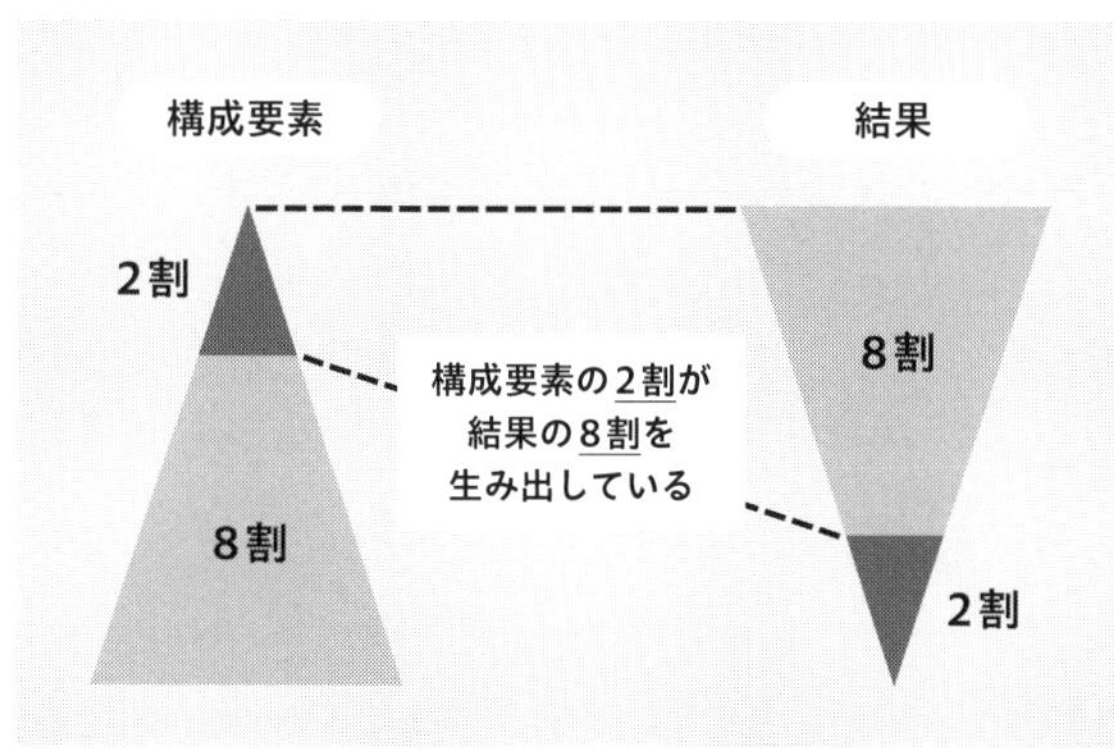

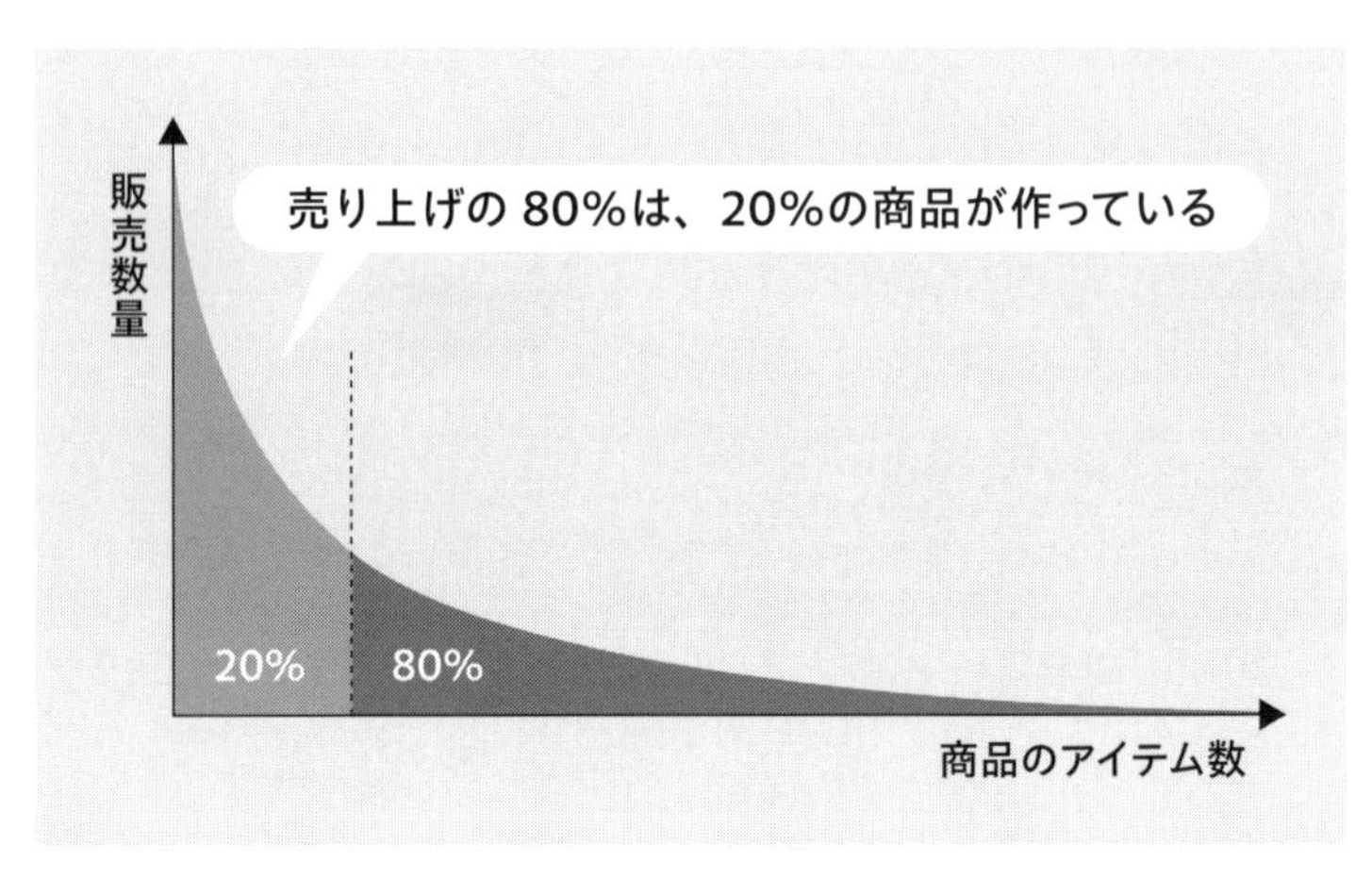

活動を始め、残りの8割は比較的のんびりするようになるのです。

パレートの法則を知っていると、効率よく物事を進めるヒントが見つかるかもしれません。どの部分に注力すれば最大の効果が得られるかを見極めることが大切です。どんな場面でも、この法則を思い出してみると、少しの努力や変化で、大きな成果が出せるかもしれないのです。

5円玉で月までの距離を正確に測るにはどうすればいい?

月の直径は5円玉の穴の約7億倍

円の直径を底辺とする二等辺三角形をイメージする

満月の夜に腕を伸ばして5円玉を持ち、その小さな穴から月をのぞき込むと、月がその穴にピッタリ収まります。これは身近なものを使って天体の大きさを測定する方法の一例です。望遠鏡がなくても気軽にできるので、5円玉をお持ちの方は、ぜひ財布から取り出して、自分の目で確かめてみてください。

この方法は必ずしも満月の日でなくても、欠けた部分を想像力で補いながら観察すれば、いつでも体験できるでしょう。

「月が5円玉の穴にぴったり収まる」という眼に見える情報から、実際に月の直径を算出できます。そのために必要なのは、「5円玉の穴の直径」「腕を伸ばしたときの目から手（5円玉）までの距離」「目から月までの距離」という三つの数値です（図1）。

具体的な数字を出すと、5円玉の穴の直径は約5㎜、腕を伸ばした際の目から手（5円玉）まで

◆図1

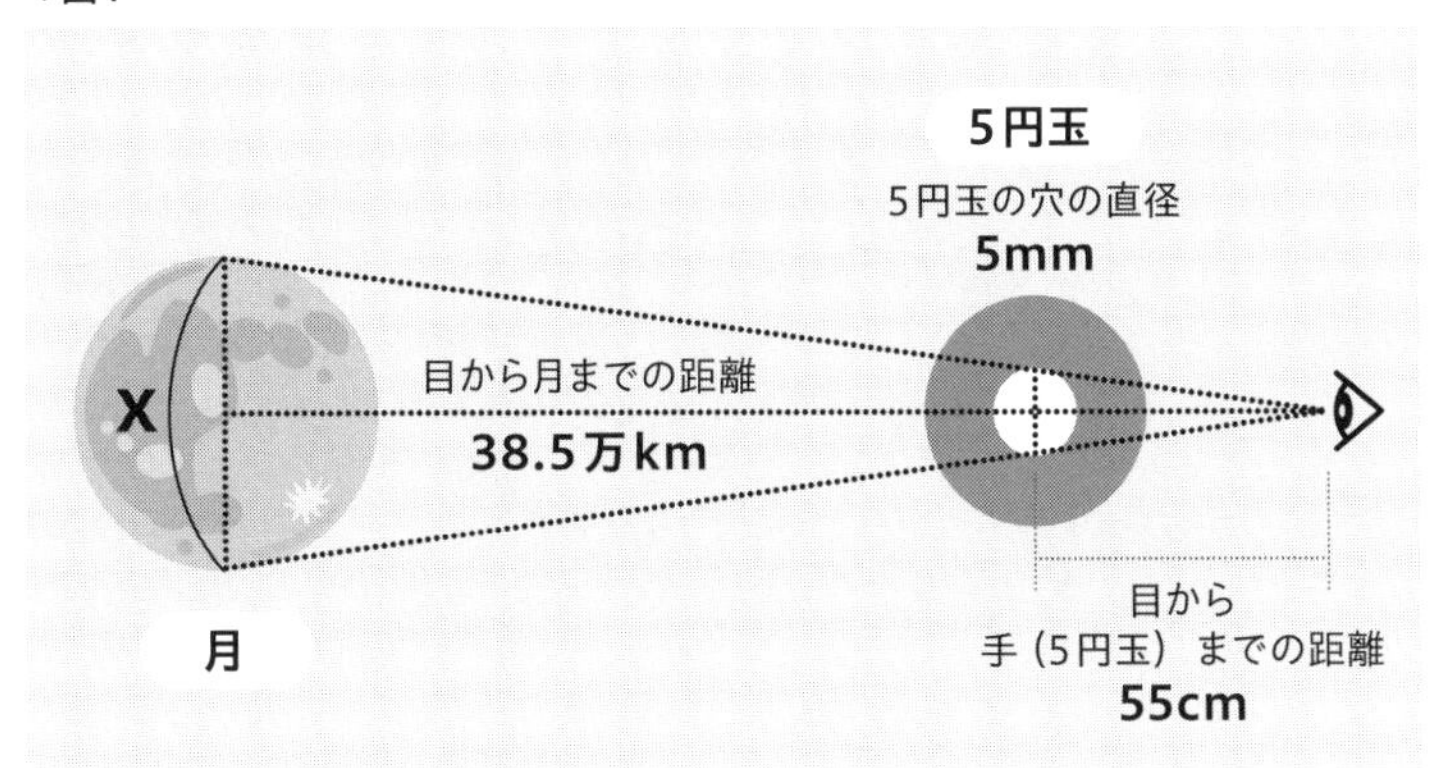

の距離は約55㎝、目から月までの距離は約38万5000㎞です。求めたい月の直径はxとしましょう。これらのデータを図に落とし込むと、二つの相似な三角形が描けます。一つは5円玉の穴の直径を底辺とし、穴の直径上の2点から目までの線で形成される二等辺三角形、もう一つは月の直径を底辺とし、同様に直径上の2点から目までの線で形成される二等辺三角形です。この二つの三角形は、形は異なるものの、その比率は同じであり、この相似を利用して月の直径を求めることができるのです。

このちょっとした天体観測から、月の直径を実際に計算してみましょう。まずはこれまで出てきた長さについて、単位がそろっていないのでそろえていきます。目から腕までの距離は55㎝なので㎜で表すと550㎜、目から月までの距離は約38.5万㎞なので㎜で表すと約3850億㎜となります。目と5円玉の

◆図2

$$550 : 385000000000 = 5 : x$$

$$550x = 1925000000000$$

$$x = 3500000000$$

穴によって作られる三角形の底辺と高さの比と、目と月によって作られる三角形の底辺と高さの比が同じなので、図2のような式を作ることができます。この比で表わした式の方程式を解くことで月の直径が約3500km（㎜で表すと約35億㎜）であると推定できます。

昔から使われてきた相似の原理を用いた計測法

この方法は月だけでなく、他の物体の大きさやそこまでの距離を測定するのにも応用可能です。例えば、手（5円玉）から目までの距離が55㎝、5円玉の穴が5㎜であることに着目し、この比率（110：1）を使うと、他の物体までの距離も推測できます。信号機の各色の電球部分が直径30㎝であると知っていれば、5円玉の穴を通してこれらの電球を見たときに、電球がちょうど穴に収まる場合、その信号機までの距離は約33mであると推定できます。

このような方法で距離を測定するのは少々原始的に感じるかもしれませんが、実は昔の人々も相似の原理を使って、さまざまな物体の大きさや距離、高さを測っていました。

今回の5円玉を使った実験は、古来から伝わる知恵の現代版ともいえます。次に外出する際は、ぜひこの方法を試してみてください。日常のさまざまな物体や距離を、新たな視点から見ることができるかもしれません。

第3章

身近なところで役立つ「図形」

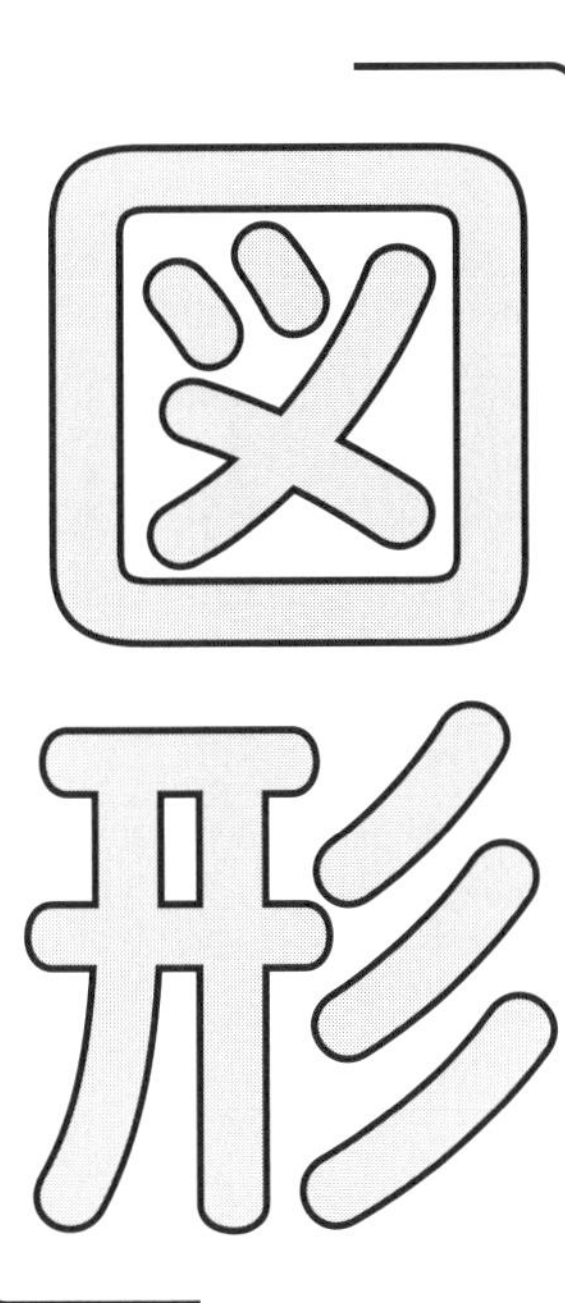

実際に測らずに遠くから見て木の高さを測定するには?

紙とおもりがあれば相似を使って測定できる

道端の測量のベースにある古典的な技術

道端で時々、3本足の望遠鏡のような特殊な機械を使って遠くを見つめているヘルメットをかぶった人たちを見かけたことがあるかもしれません。彼らは「測量士」と呼ばれ、土地の大きさ、形、高さなどを正確に測る仕事をしています。建物を建てる前の土地の準備や、道路の設計、地図の作成などに必要な情報を調べているのです。

この測量技術のベースにあるのが、数学における「相似（そうじ）」の考え方です。相似とは同じ形のまま拡大・縮小させた図形のこと。相似を使うことで距離も物の高さも測ることができます。

折り紙などを用いて木の高さを遠くから測ってみよう

例えば、木の高さを実際に測らずに遠くから見ただけで測定する方法があります。

まず、直角二等辺三角形を紙で作ります（図１）。折り紙など正方形の紙を折り、糸を使っておもりを付けます。このおもりが真下を向くと、地面と水平になる仕組みです。

ではこの三角形を使って、実際に木の高さを測ってみましょう。

まず、三角形を目の高さまで持ち上げ、木のてっぺんを見ます。このとき、三角形の斜辺の先を見ながら、木のてっぺんと重なる位置まで移動します。

◆図1

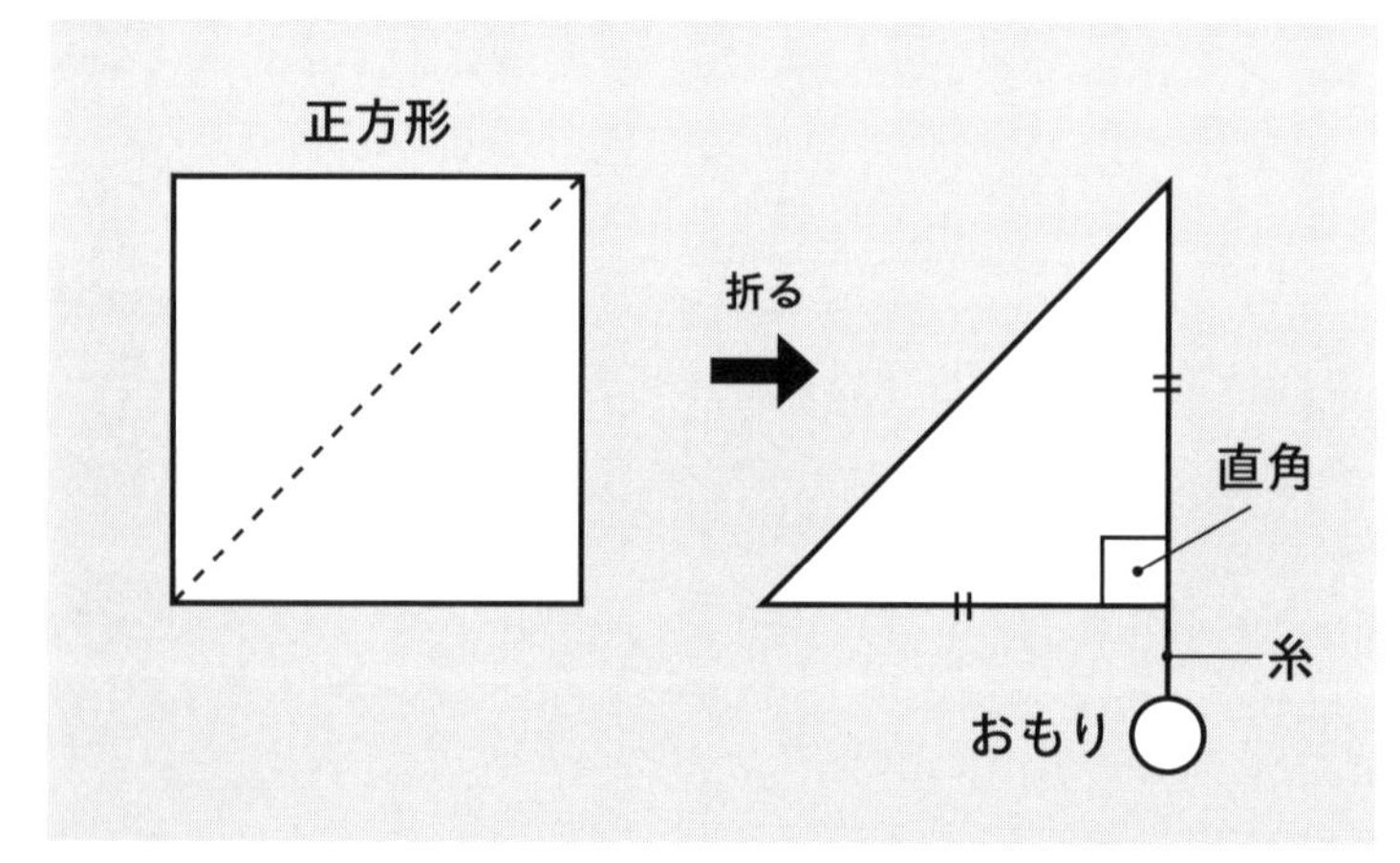

ここで小さい三角形とは別に、もう一つ、大きな直角二等辺三角形をイメージします（図2）。この大きな三角形は、自分が立つ位置から木が立っている位置までの距離（A）と、木の高さ（x）に対して、目の高さ（h）を引いた大きさ（A）でできています。小さい三角形と相似しています。この状態で、自分と木までの距離を測れば、木の高さ（x）も計算できるわけです。

目の高さ（h）はだいたい自分の身長（仮に170㎝）から10㎝引いたもの（1・6m）です。例えば、もし三角形の底辺から木までの距離（A）が16mで、目の高さ（h）が1・6mだとすると、A＋hで、木の高さ（x）は約17・6mになります。

このように、折り紙で作った直角二等辺三角形を使うだけで、簡単に木の高さを測ることができるのです。

◆図2

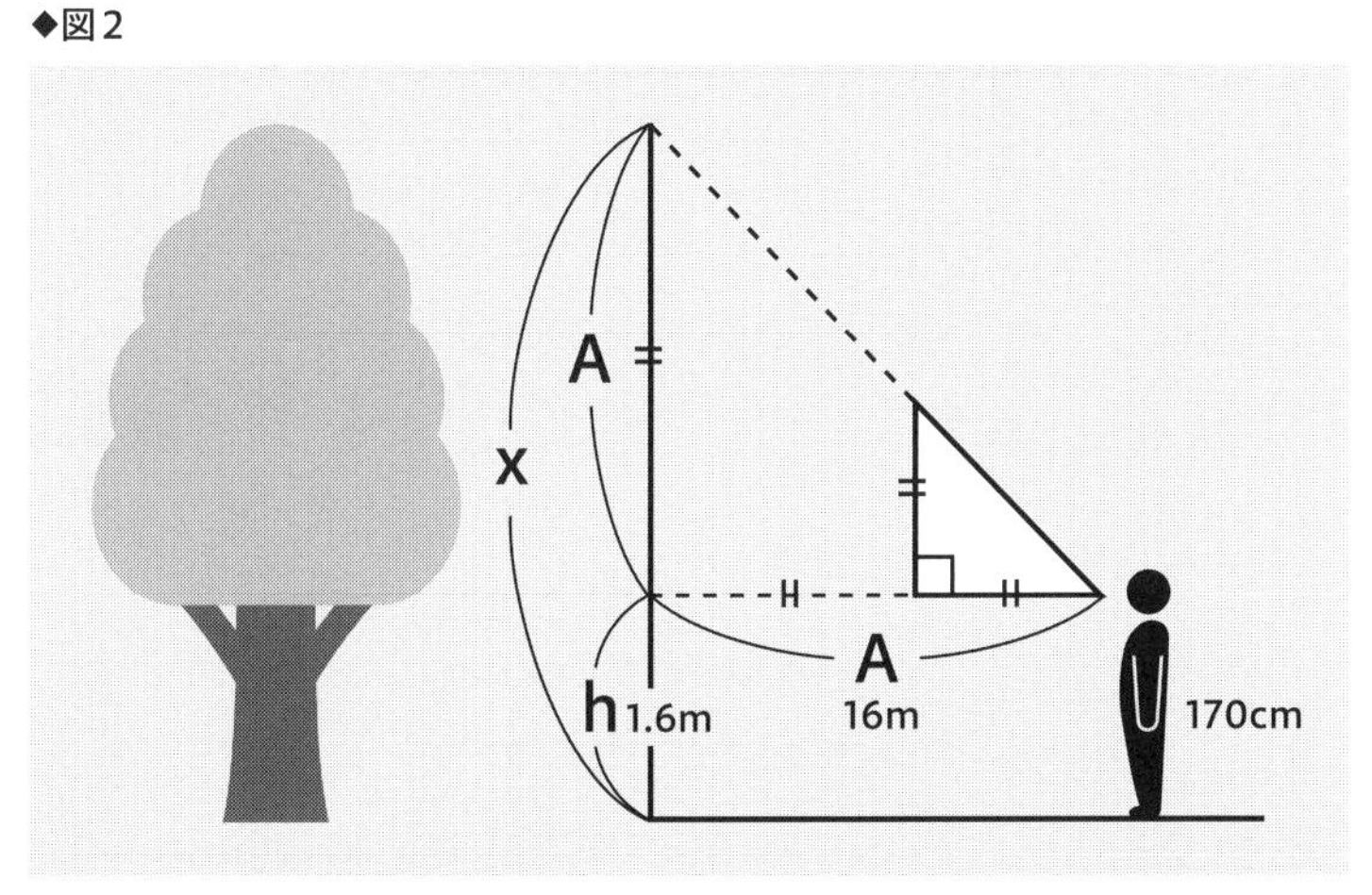

三角比でも距離を知ることができる

相似は高校の数学で習う「三角比」にもつながる分野です。三角比は、直角三角形の辺の長さの関係を表すものです。二点間の直線距離を測り、その一点から別の点への角度を測定し、この距離と角度の情報からもう一点までの距離を計算できます。

例えば、海岸線上のA地点とB地点があり、遠くに見える島のC地点までの距離を知りたいとします（図3）。☆マークの部分がそれぞれわかれば、C地点までの距離は実際に測定しに行かなくても三角比を使って測れるのです。

相似を使った測定法は江戸期の書物『塵劫記（じんこうき）』にも描かれており、歴史があるものとわかります。

◆図3

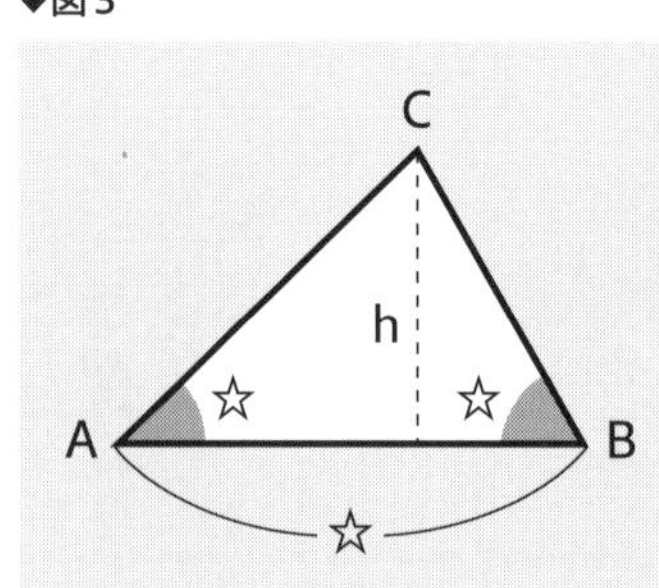

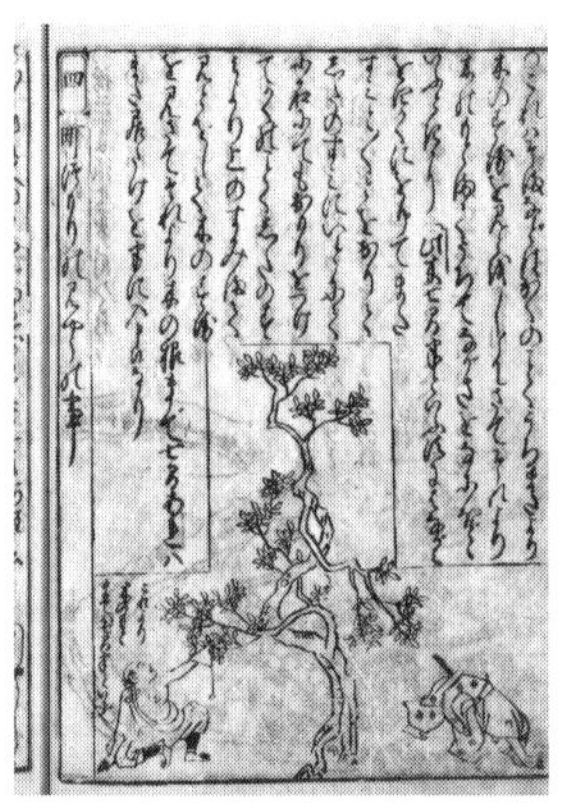

『新編塵劫記３巻』より一部抜粋
（国立国会図書館デジタルコレクション）

水平線までの距離はどれくらいある？

水平線までの距離は「三平方の定理」で導ける

人によって、見える距離も少し変わる

海に行くと、遠くに水平線が見えます。水平線とは、海面と空との境界線です。今自分が立っている場所から、その水平線までの距離はどれくらいあると思いますか？　1㎞？　それとも100㎞？　想像すらできないかもしれません。ぜひここで考えてみましょう。

先に計算の仕方を明かすと、図1のような式になります。

例えば、目線の高さが1.6ｍなら、水平線までの距離は約4.5㎞です。身長が違えば、目線の高さも変わるので、距離も少し変わってきます。1.5ｍの人だと約4㎞、2ｍの人だと約5㎞になります。高台から海を眺めた場合はもっと先まで見えるでしょう。

◆図1

水平線までの距離（km）

$$= 3.57 \times \sqrt{目線の高さ（m）}$$

※身長150cmと170cmでは、水平線までの距離は282mも違う

◆図2　三平方の定理（ピタゴラスの定理）

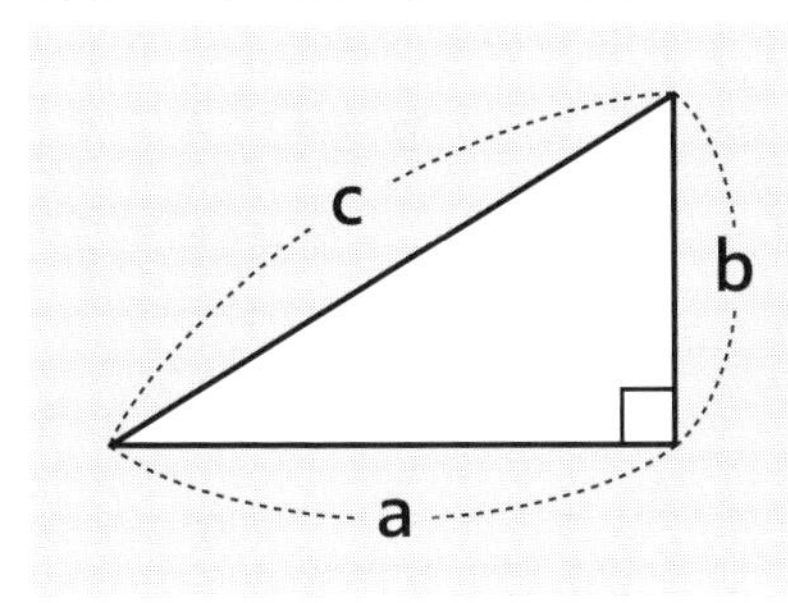

$$a^2+b^2=c^2$$

思ったよりも近い、または遠いと感じたかもしれませんが、数学の力を使えば、簡単に計算することができるのです。

地球の半径を使って直角三角形をイメージする

水平線までの距離を求める式は、「三平方の定理」（ピタゴラスの定理）を使っています。三平方の定理は、直角三角形の辺の長さの関係を表したもので、長方形の対角線の長さを求めるときによく使います。直角三角形の一番長い辺（斜辺）の長さの2乗は、残りの2辺の長さの2乗を足したものに等しいというものです（図2）。

水平線までの距離についても、地球とあなたの目線、水平線と地球の半径を結んだ直角三角形をイメージすると、三平方の定理で求めることができます。

地球は大きな球です。地球の半径（中心から表面までの距離）を

R、あなたの目線の高さをH、水平線までの距離をXとします（図3）。ここで、地球の半径を6371kmとします。

「円の接線」と「その接点と地球の中心を結んだ線」は垂直で交わるので、ここに直角三角形が現れます。

ここで三平方の定理を使うと、Xの2乗（X^2）とRの2乗（R^2）の合計は、R＋Hの2乗になります。

地球の半径R＝6371km、目線の高さH＝1.6mと代入してXを出すと、X≒4.5kmになります。

◆図3

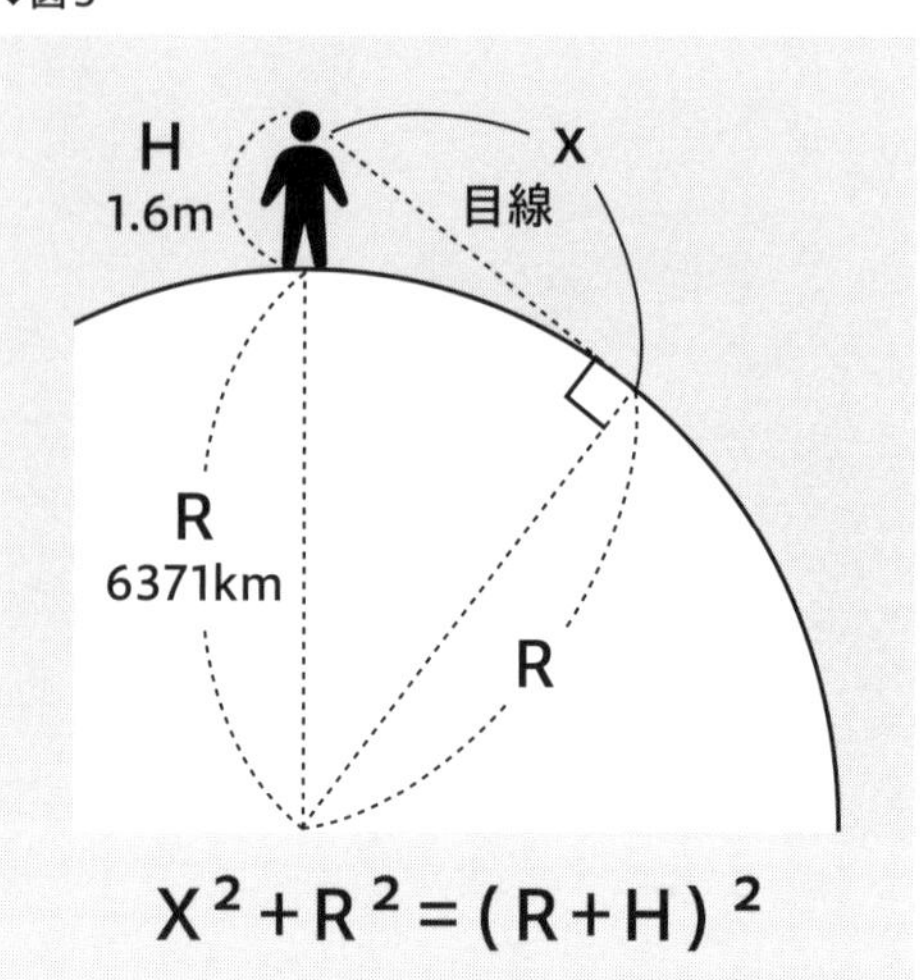

ちなみに、スカイツリーの先端（634m）から海が見えたとしたら、約90km先まで水平線が見えることになります。

高いところに登っても見える距離は90kmほど。地球一周の距離が約4万kmなので、意外と近いところまでしか見えていないわけですね。

東京スカイツリーや東京タワーに
用いられる「図形」は?

東京スカイツリーは三角形でできている？

三角形と四角形、どちらが頑丈か

「四角形」という言葉を聞いたとき、あなたはどのようなイメージを持つでしょうか？

多くの人々は、幼少期からさまざまな図形に対する印象を持っているはずです。例えば、四角形についてイメージしてみると、一般的には「堅固さ」や「安定性」という印象が思い浮かぶことでしょう。しかし、それは本当に四角形が「堅固」で「安定」した図形であるという事実を反映しているのでしょうか？

この疑問を解決するためには、四角形を実際に作り、その特性を直接確認してみることが必要です。具体的には、同じ長さの４本のストローを組み合わせて四角形を作ります。すると、四角形のどこかに力を加えると、すぐに形が崩れてしまいます。また、角の一部をつまんで持ち上げてみると、四角形はすぐに変形してしまうのです。

このようにして、四角形の形状が思い描いていたほど堅固で安定していないことが実感できます。

私自身、この事実を子どもたちに理解してもらうために、数学の授業で「磁石の棒と鉄の球を使ってできるだけ背の高いものを作ってみて」というワークショップを行ったことがあります。子どもたちは磁石の棒と鉄のジョイントを使って、はじめは四角形で形を作っていきますが、四角形がすぐに変形してしまうという問題に直面します。しかし、この問題を通じて子どもたちは「本当に丈夫な図形」について試行錯誤し、深く考える機会を得ることになります。

そして、「丈夫な図形は四角形ではなく三角形である」という結論に至るのです。彼らは、三角形を基本単位として用いて、四角形の壁を作ったり、さらにそれを組み合わせて立方体を作ったりするようになります。

三角形と四角形の大きな違いは、その構造の安定性にあります。四角形は四つの辺を持ち、形状がさまざまに変化します。一方、三角形は三つの辺の長さが固定されているため、ジョイント部分に力を加えても形状が変化しません。つまり、三角形は自らの形を安定させる特性を持っています。

子どもたちはこの実験を通じて、三角形の安定性を発見しました。そして、その背後には数学的な理論が存在していたのです。この経験は、数学の理論が日常生活のなかでどのように応用されるかを理解するための貴重な機会となりました。

巨大な建造物を支えるトラス構造

さらに、この三角形の特性は、私たちの周囲の建築物にも見ることができます。例えば、東京タワーや東京スカイツリーなどの建築物を見てみてください。

中学校の数学の授業で、「三角形の合同条件」について学んだことを覚えていますか（図1）？「合

◆図1　三角形の合同条件

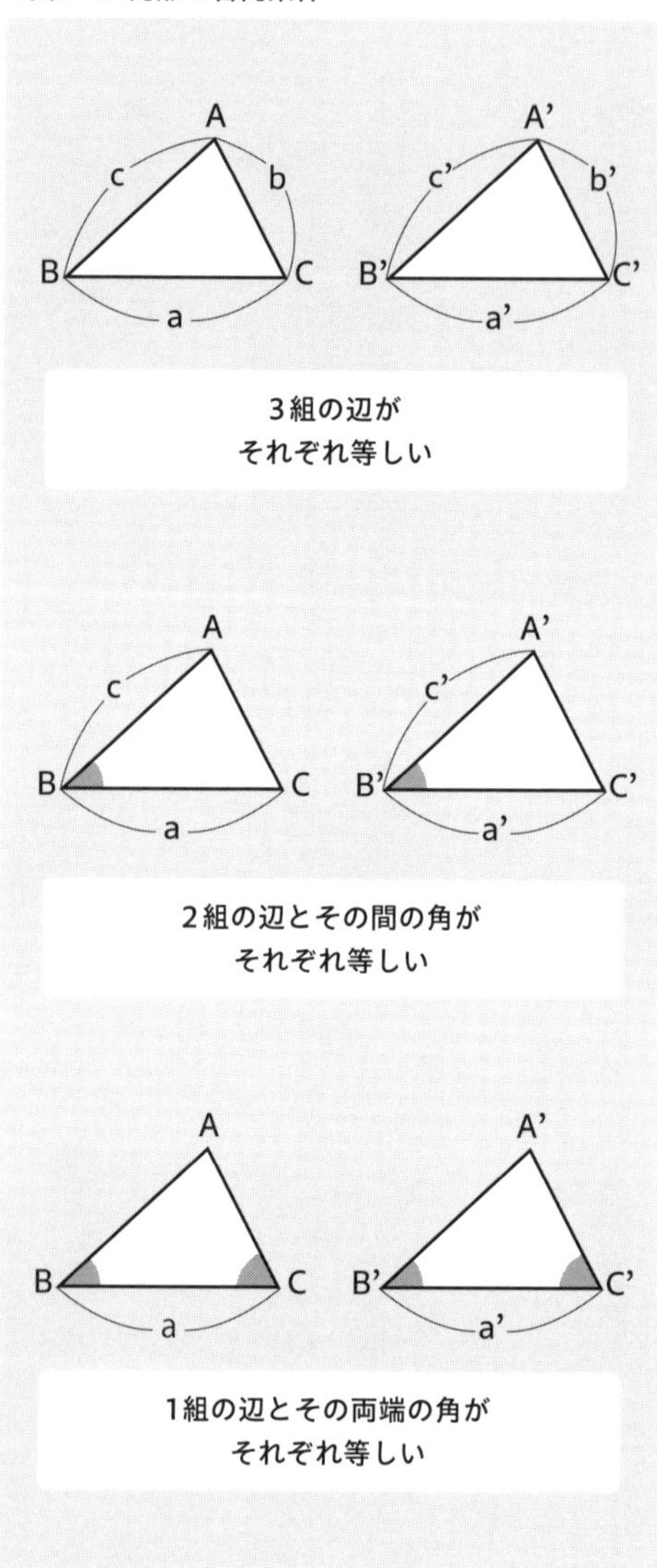

同」とは、形もサイズも完全に同じである図形のことを指します。三角形の合同条件のなかには、「三組の辺がそれぞれ等しければ、その三角形は合同である」という条件があります。これを別の言葉で言い換えると、「三角形の3辺の長さが一度決まると、その三角形の形状は一つに定まる」ということができます。

つまり、四角形が複数の形状を持つことが可能なのに対して、三角形はその形状が一意に定まるという特性を持っているのです。これが、建築物の構造に三角形がよく用いられる理由です。三角形の3辺の長さから形成される形状は、その合同条件によって1種類しか存在しないため、変形することがありません。この性質を利用して組み立てられた建築物の構造体を「トラス構造」といいます。トラス構造は耐震性に優れているため、建物の梁（はり）や鉄橋などに幅広く使用されています。東京タワーや東京スカイツリーなどの巨大な建築物も、このトラス構造を用いて建てられています。

これらの建築物を近くでよく見てみると、小さな三角形のフレームが組み合わさって全体の構造が形成されていることが確認できます。

このように、四角形と三角形を比較することで、図形の特性とその応用について深く理解することができます。実際に手を動かして図形を作ることで、数学の理論が私たちの日常生活にどのように関わっているかを体験的に学ぶことができます。数学は抽象的な概念であると同時に、具体的な現象を説明するための道具でもあります。この二つの側面を理解することで、数学の魅力をより深く感じることができるでしょう。

◆トラス構造が使われている
東京タワー(上)と東京スカイツリー(下)

和柄や企業のロゴを、
いざ描いてみよう

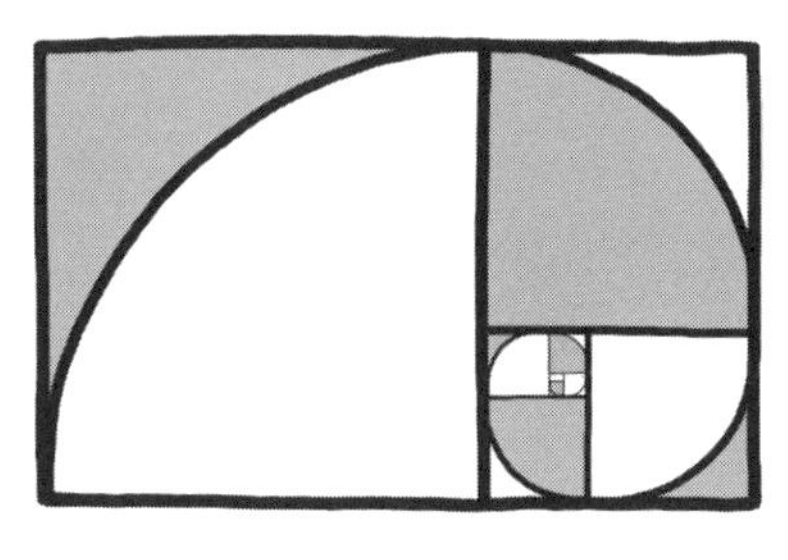

和柄やアップルのロゴに隠された図形

江戸時代にブームとなった和柄

日本には江戸時代にブームとなった「和柄」という模様があります。和柄のなかには、「麻の葉」や「亀甲」「市松」などの模様があって、日本人にはいまだに馴染みあるものといえるでしょう。「麻の葉」は、平安時代に生まれたといわれ、仏像の装飾などに使われてきた模様です。六角形を小さな三角形に分けた幾何学模様です。この模様は大麻の葉の形を真似て作られました。麻は成長が早く一カ月で１ｍの勢いで伸びるため、子どものすこやかな成長を願って麻の葉柄の服を着せるといわれています。

昔の人たちは模様を作るとき、正確な角度を測りながらだったかはわかりませんが、特定のパターンを使ってきれいな模様を作っていました。例えば、麻の葉は30度・30度・１２０度の角度を持つ三角形が組み合わされています。同じように、市松模様は90度、亀甲は正六角形を使って作られています。矢絣という模様は、45度や１３５度の角度を使って平行四辺形を組み合わせて幾何学的な模様を作っています。

このように、和柄は図形を組み合わせて作られています。数学は数字を駆使して計算することだけでなく、昔から私たち日本人の文化や生活を豊かにするために利用されてきたのです。

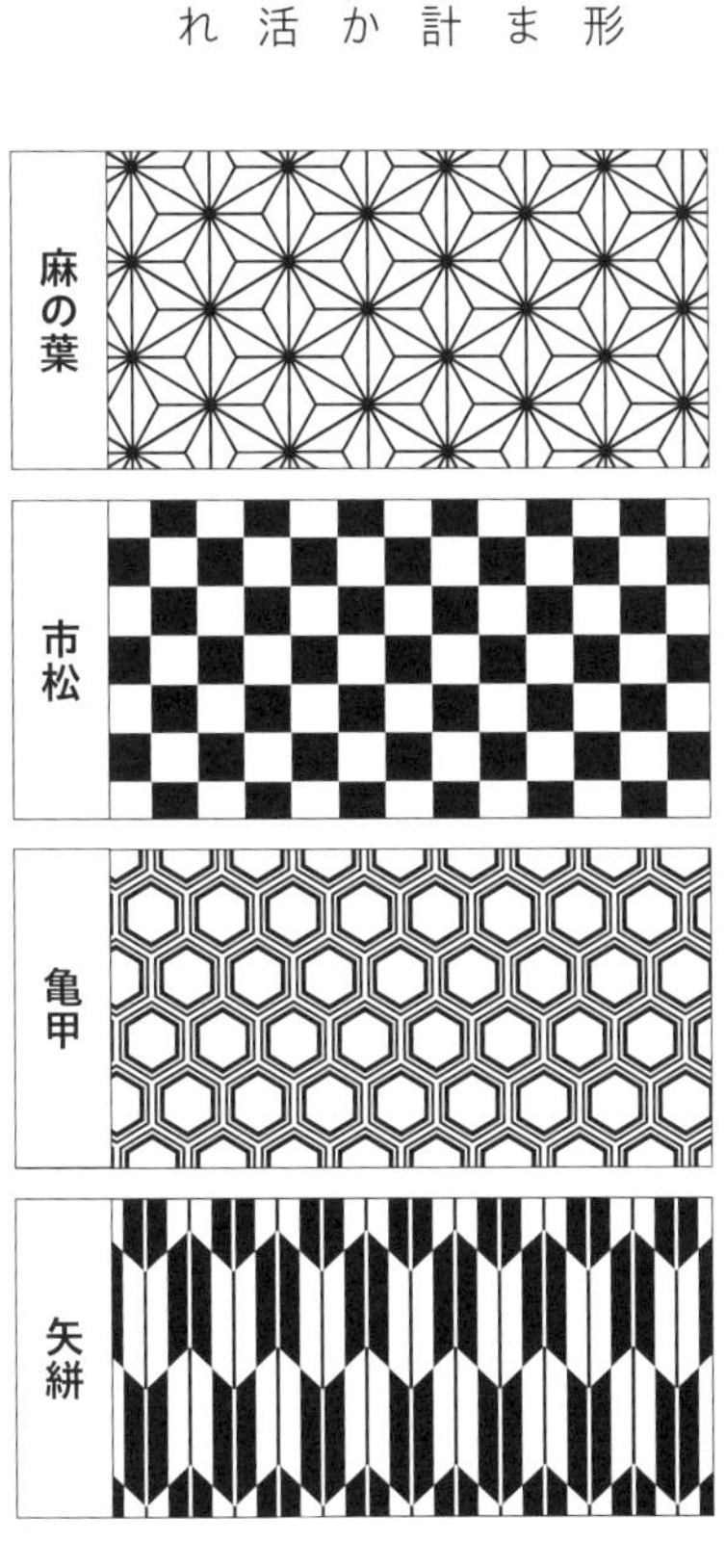

アップルのロゴと黄金比

現代の企業ロゴにも数学は生かされています。例えば、アップルのロゴ。洗練されていてシンプルなのに高級感が漂い、信頼感すらあります。

このロゴについて少し考えてみましょう。アップルのロゴは黄金比と呼ばれるサイズの円や四角形など、複数の図形を組み合わせてデザインされたといわれています。

日本の企業でも、資生堂や味の素など、多くの企業が黄金比に基づくデザインを採用しています。

◆黄金比を応用した黄金螺旋

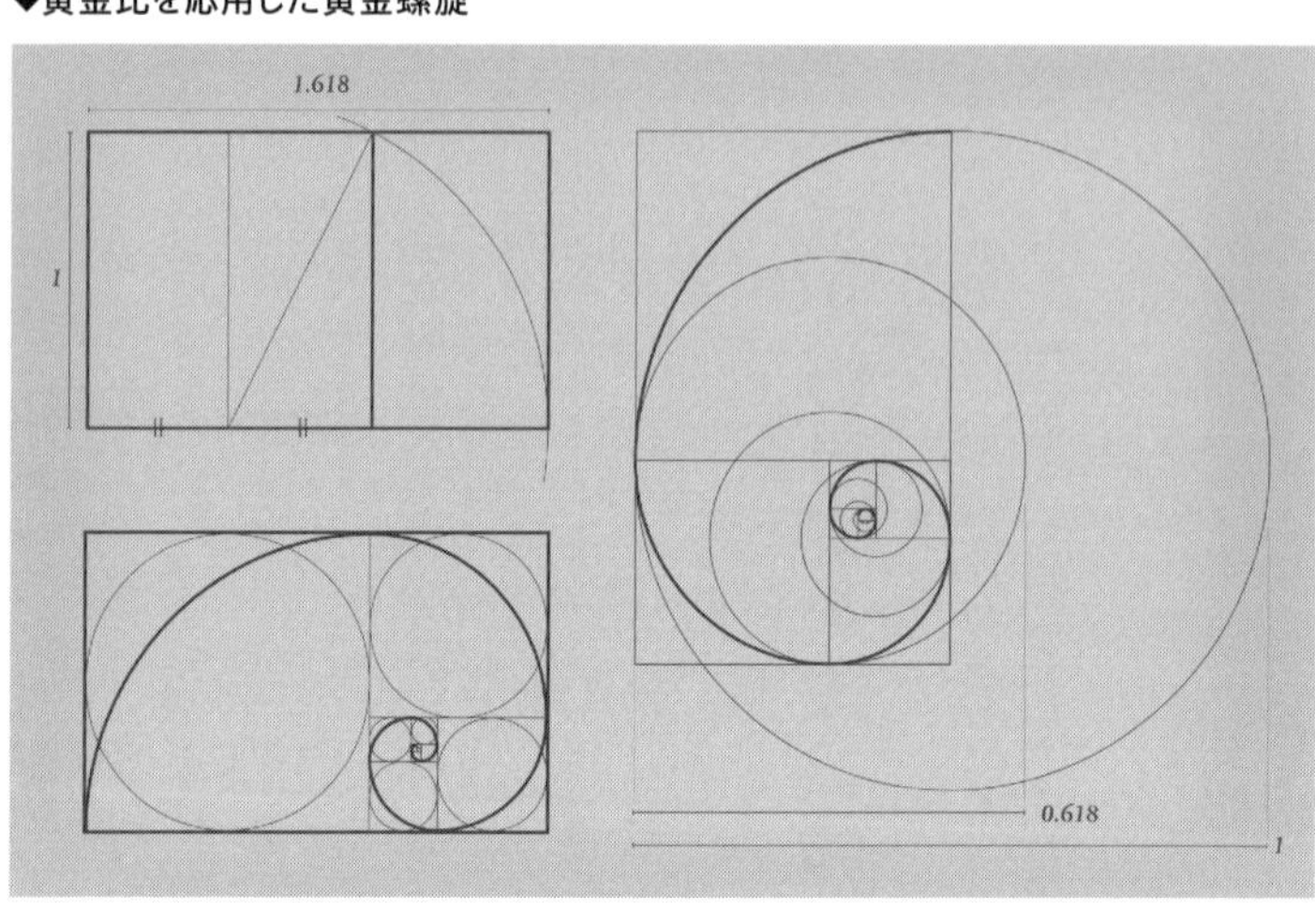

ところで、企業ロゴに黄金比を用いる理由は何でしょう。黄金比とは、約1対1.618です。この比率は自然界で頻繁に見られます。例えば花や葉などの生え方などにおいてもこれに近い比率が多く見られるのです。人は自然界で見慣れていることもあって、黄金比のデザインに収まりの良さを感じる傾向があるようです。

その点から考えると、「黄金比だから美しい」というよりも、パッと見て「しっくりくる」「洗練されている」「バランスが取れている」といった印象を受けるのが黄金比であるといったほうが、ニュアンスは近いでしょう。

この洗練されたデザインは、視覚的な調和とバランスをもたらし、ブランドイメージを強化する役割も担っているといえます。

黄金比は、絵画や芸術的な作品にも用いられています。ダ・ヴィンチの《モナ・リザ》やミロの《ビーナス像》からも黄金比が見られるといわれています。

ただ、黄金比だからといって美しいという主張を科学的に証明することは難しく、根拠はありません。

もちろん、すべてのデザインで黄金比が使われているわけでもありません。黄金比を意識するかどうかは制作者によります。場合によっては黄金比よりも1対1の比率のほうが美しいと感じることもあるでしょう。

とはいえ、黄金比が「しっくりとくる」印象を与えられることから、一つの比率としてデザインに使われることは間違いないようです。

◆黄金比が見られる
ミロの《ビーナス像》

問題

ハチの巣が六角形をしているのはなぜ?

六角形ゆえに快適で丈夫なハチの巣

六角形の部屋は効率性を極めた最終形態

自然のなかには、数学を上手に使っている生き物がいます。それは「ハチ」です。

テレビで養蜂場のハチミツを取るシーンを見たことがあるかもしれません。そのとき、同じ大きさできちんと整った六角形の巣がたくさんあるのを見たことがあるのではないでしょうか。ここで疑問が起こります。なぜミツバチなどのハチは六角形を選んで巣を作るのでしょうか。

◆図1　巣が丸いと隙間ができる

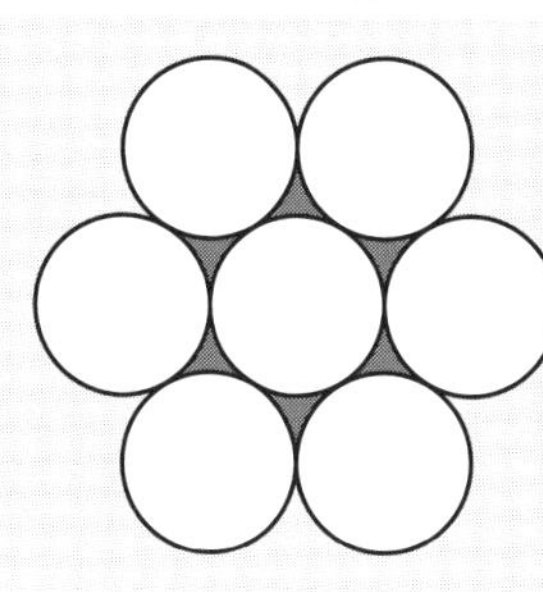

ミツバチの巣は、幼虫が育つ場所でもあります。角がなくて居心地が良さそうな丸い形（円柱）でもいいように思いますが（図1）、そうすると問題があります。同じ面積にたくさんの円を並べようとすると、部屋と部屋の間に隙間ができてしまうのです。これでは、スペースを無駄にしてしまいますし、巣を作る材料である蜜蝋（みつろう）もより多く

使ってしまうことになります。六角形であれば隙間なく埋め尽くすことができるでしょう。

このように、平らな面を同じ形で隙間なく埋め尽くすことを「平面充填」といいます。平面充填にぴったりな形は、辺の長さや角度がすべて同じである正多角形のなかでも、正三角形、正方形、そして正六角形の三つだけです。

では、なぜミツバチは三角形でも四角形でもなく、正六角形を選んで巣を作るのでしょうか。それは、三角形だと部屋が狭すぎ、四角形だと強度が足りないからです。正六角形であればスペースも確保できて丈夫な構造ということになります。ミツバチの家は、家族全員が住む集合住宅です。正六角形を採用することで、それぞれの部屋は、幼虫が動きやすい広さもあり、頑丈な作りとなります。

このように正六角形で平面充填された形を「ハニカム構造」と呼びます。ハニカムは「ミツバチの櫛(くし)(ｈｏｎｅｙｃｏｍｂ)」にちなんだ名前です。

正六角形は快適な広さで丈夫なので理想的な構造ではありますが、一見このような複雑な形を作るのは難しいのではないかと思うかもしれません。その点でミツバチがとても数学的なセンスを持っていると感じています。

ミツバチは巣作りを始める場所から二つの方向に壁を作ります（図2）。この壁の角度は正六角形の内角、つまり１２０度です。一定の長さの壁ができたら、その端を新しいスタート地点として、また120度の角で二つの壁を作ります。ミツバチはただこの作業を繰り返すだけで、特に正六角形を意識しているわけではありません。ただ、2辺とその間の角度を正しく作ることで、他のミツバチが作る壁と自然とつながり、それが連鎖することで、効率的に美しく頑丈な巣を作り上げられるのかもしれません。

◆図2　ミツバチの巣作りの仕方

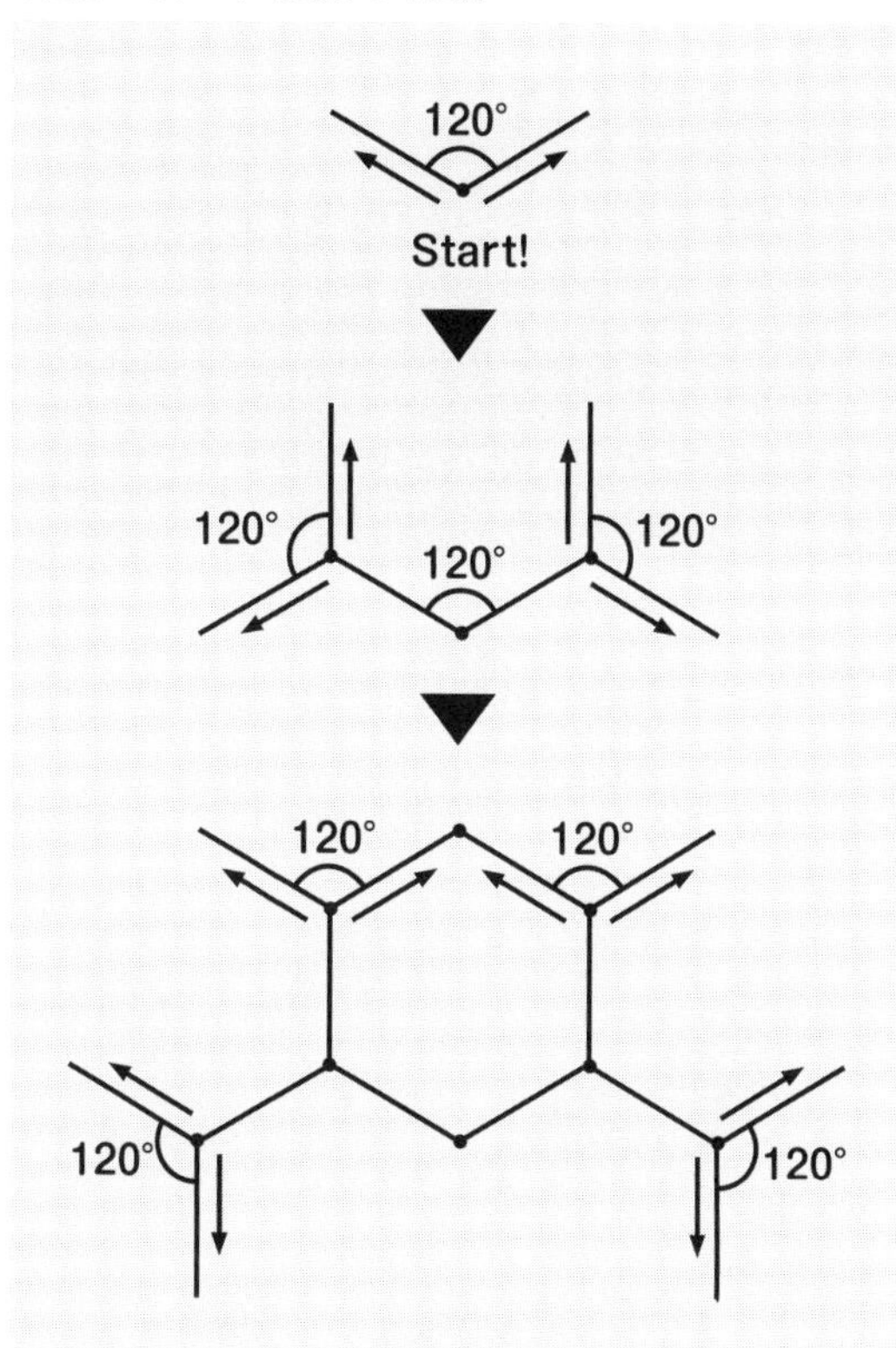

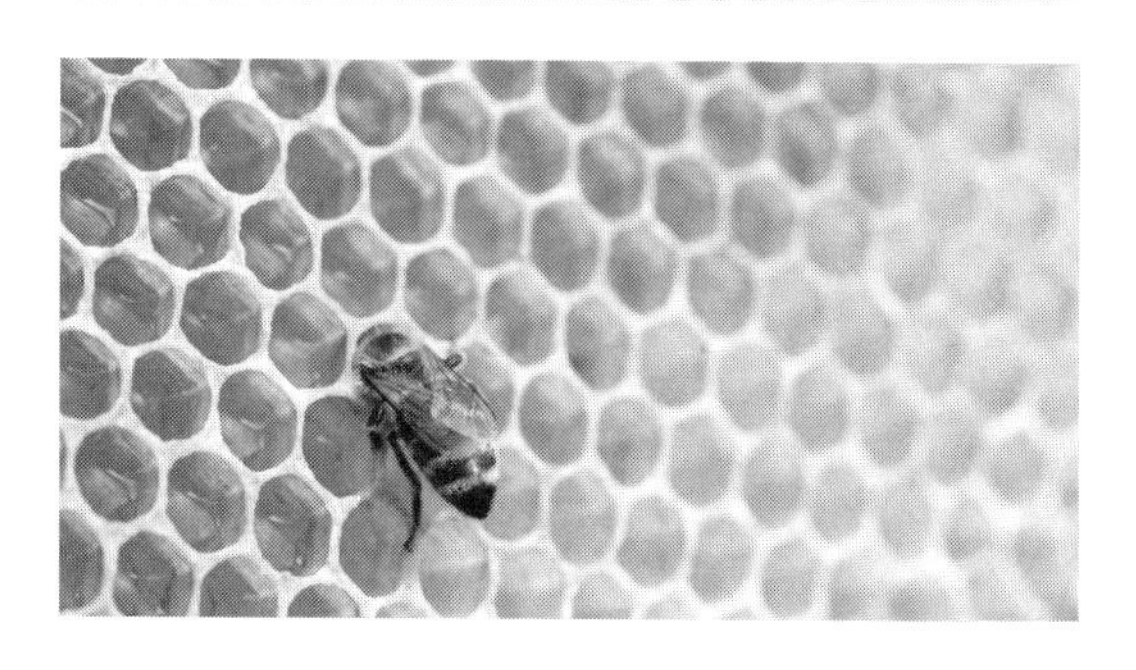

床を隙間なく埋め尽くせる五角形は
どんな形？

「五角形で埋め尽くす」って、実は難問！

平面充填に挑んできた数学者たち

新居に引っ越してきたときや部屋をリフォームして床にタイルを敷き詰めるときには、隙間なくピッタリと敷き詰めたいものです。しかもタイルは同じサイズで同じ形であると、とてもきれいなパターンの模様になります。

図形を平面に敷き詰めるなんてパズルで遊ぶようなものだと思うかもしれません。しかし、このタイプの問題は数学では「充填問題」として、歴史的にも重要な分野です。

128ページで前述したように、同じ図形で隙間なく平面を埋め尽くすことを、数学では「平面充填」と呼びます。長年数学者は「無限に広がる平面に同じ図形を並べて、隙間なく覆い尽くせるか？」という問題に取り組んできました。平面充填をするためには、どんな図形なら可能であるかを探求してきたのです。

これも前述の通り、正三角形や正方形や正六角形は隙間なく敷き詰められるということは想像しや

◆図1　正多角形を1種類だけ用いて平面充填する場合

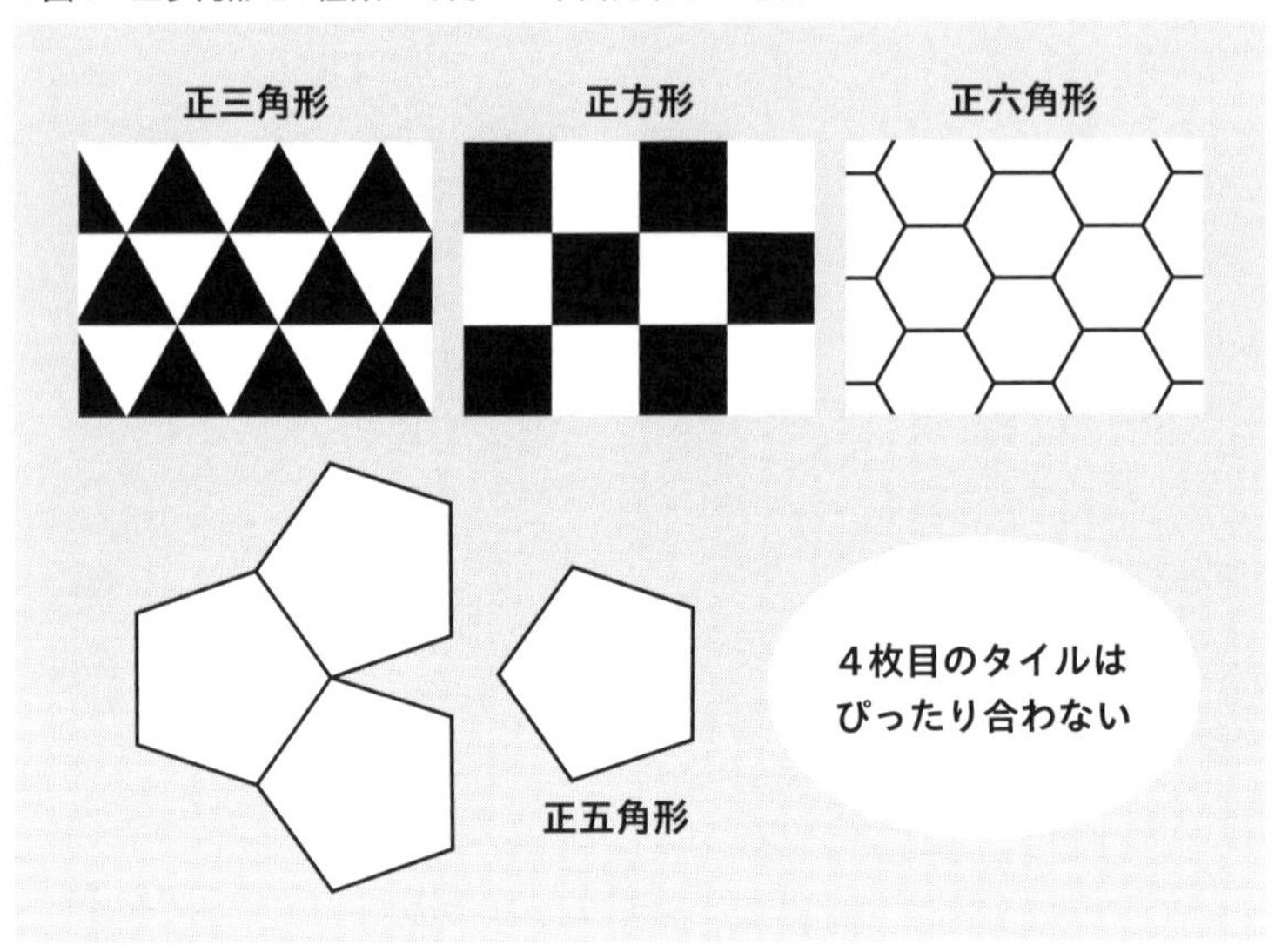

すいでしょう。

しかし、正五角形を隙間なく敷き詰めることは不可能です。これは実際に並べている様子を見ると一目瞭然です（図1）。

正○角形の条件を外せば平面充填が可能に

では、「正○角形」という形の条件から外れた図形の場合はどうでしょうか。実は三角形や四角形であれば、どのような形であっても同じ形で敷き詰めることが可能となります。

面白いのが、へこんだ四角形も敷き詰められるということかもしれません。細かい説明は省略しますが、図2のように一カ所に4種類の角を集めるように並べることで敷き詰めが可能になります。

六角形だと敷き詰められない形が存在するのですが、図2のように四角形から平行六角形を作れば、敷き詰めが可能であることがわかります。

◆図2

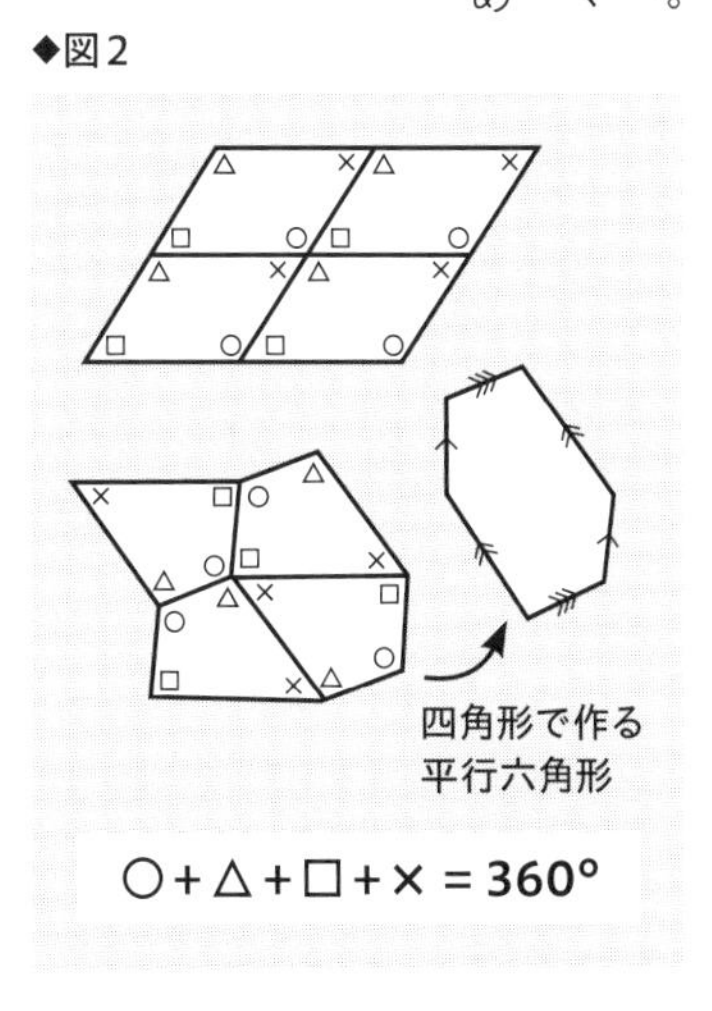

平面充填できる五角形は15種類のみ

さて、先程、正五角形は平面充填が不可能であると述べました。では、五角形はどうでしょうか。

このことは数学者たちの間でも難解とされています。五角形で敷き詰められる形には限りがあるからです。また、何種類あるかということが長らく疑問とされていました。

この複雑な問題に挑んだのがドイツの数学者カール・オーガスト・ラインハルトです。彼は、1918年に特定の五つのタイプの五角形が平面充填可能であることを発見しました（図3）。これは数学の世界において大きな発見でした。

ラインハルトが発見した平面充填可能な五角形は、辺の長さや角度が特別な関係を持っていることが特徴です。この五角形は「ラインハルト五角形」とも呼ばれ、繰り返し並べると平面をもれなくきれいに覆うことができるようになります。正五角形のように辺と内角がすべて同じではないので、多少不恰好ですが。

この五角形が隙間なく平面を覆い、ピース同士が完璧にはまり合うことで、美しいパターンを作り出します。

ラインハルトの発見は、数学だけでなく、デザインや建築など、さまざまな分野で活用されています。数学は、形や数、パターンを通して、私たちの世界を理解する手助けをしてくれるのです。

1968年にはリチャード・ブランドン・カーシュナーがさらに三つの新しいタイプの五角形が平面充填できることを発見しました。この発見の流れは続き、平面充填可能な五角形が次々と見つかっていきます。

◆図3　ラインハルト五角形(タイプ1)

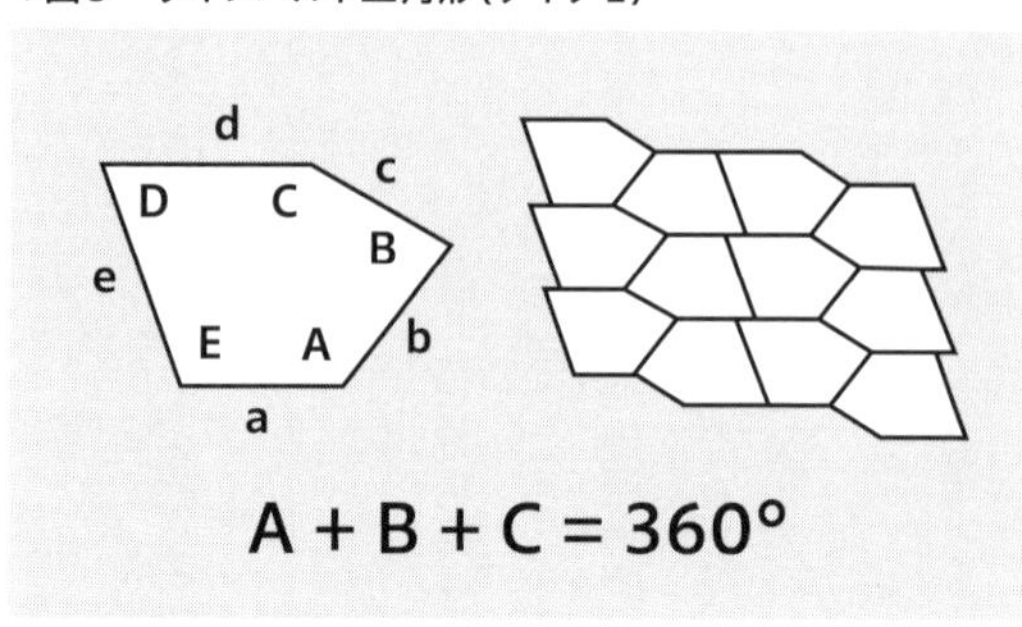

この五角形を発見するプロセスのなかで、とても興味深いエピソードがあります。1970年代、マジョリー・ライスという一般の主婦が、四つの新しい平面充填できる五角形を発見したのです。彼女がこの数学的課題に惹かれたのは、1975年に発行された科学雑誌『Scientific American』で、多角形の平面充填に関する記事を読んだからです。高校で学んだ数学が彼女の全知識でした。しか

◆五角形によって敷き詰められたパターン

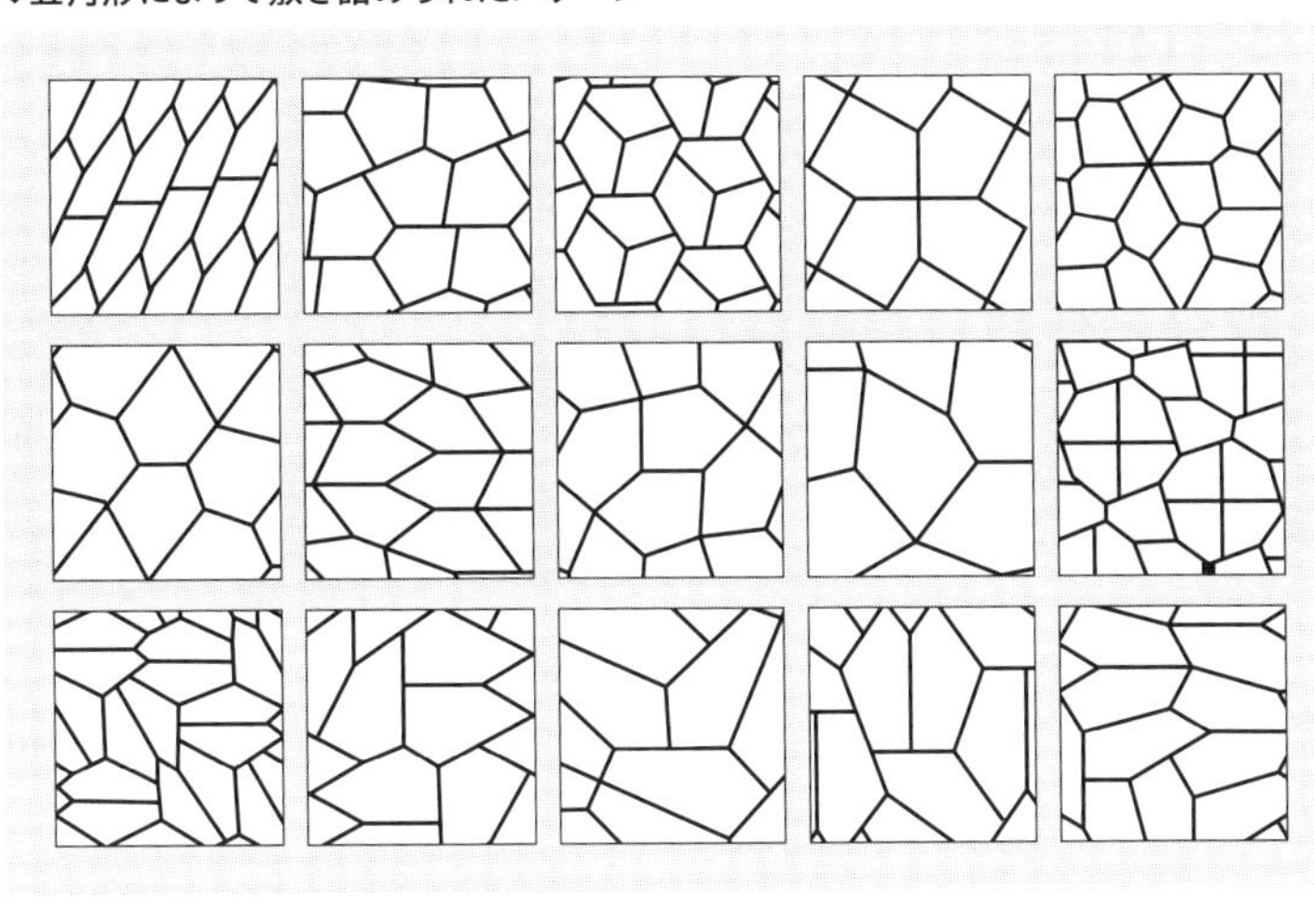

し、黄金比やピラミッドの美しさに魅了されていたこともあって、この問題にすぐに挑戦しました。1976年から1977年にかけて、彼女は立て続けに新しい五角形のタイプを四つ発見しました。数学的理論背景がほとんどない主婦が、まさかのキッチンでこのような問題に取り組み、数学の歴史を大きく変える偉業を成し遂げたのです。

その後、平面充填可能な五角形の研究は、2017年にマイケル・ラオが重要な論文を発表しました。彼はコンピューターを使った計算により、「平面充填が可能な五角形は、全部で15種類だけ」ということを証明しつつあります。これにより、長い間の疑問に終止符が打たれたのです。平面充填の概念はタイルのデザインからゲームのグラフィック、建築のパターンに至るまで、多くの分野で応用されています。

地球の表面から1m浮かせて
ロープを1周張るには何m必要？

地球規模なのに、たったのプラス6・28m？

地球もサッカーボールも同じ答えになる

地球がでこぼこのないとてもきれいな球形だったとして、その地球にロープがぴったりと巻いてあるとします。もしロープをちょっとだけ長くして、地表から1m上に浮かせるとしたら、どれくらいロープを足せばいいでしょうか。地球を1周するロープの長さは、約4007万5000mとします。

少し頭をひねる必要があると思いきや、単純に半径が地球より1m長い円を考えれば良いのです。

円の半径は、円周÷円周率（π）÷2で計算でき

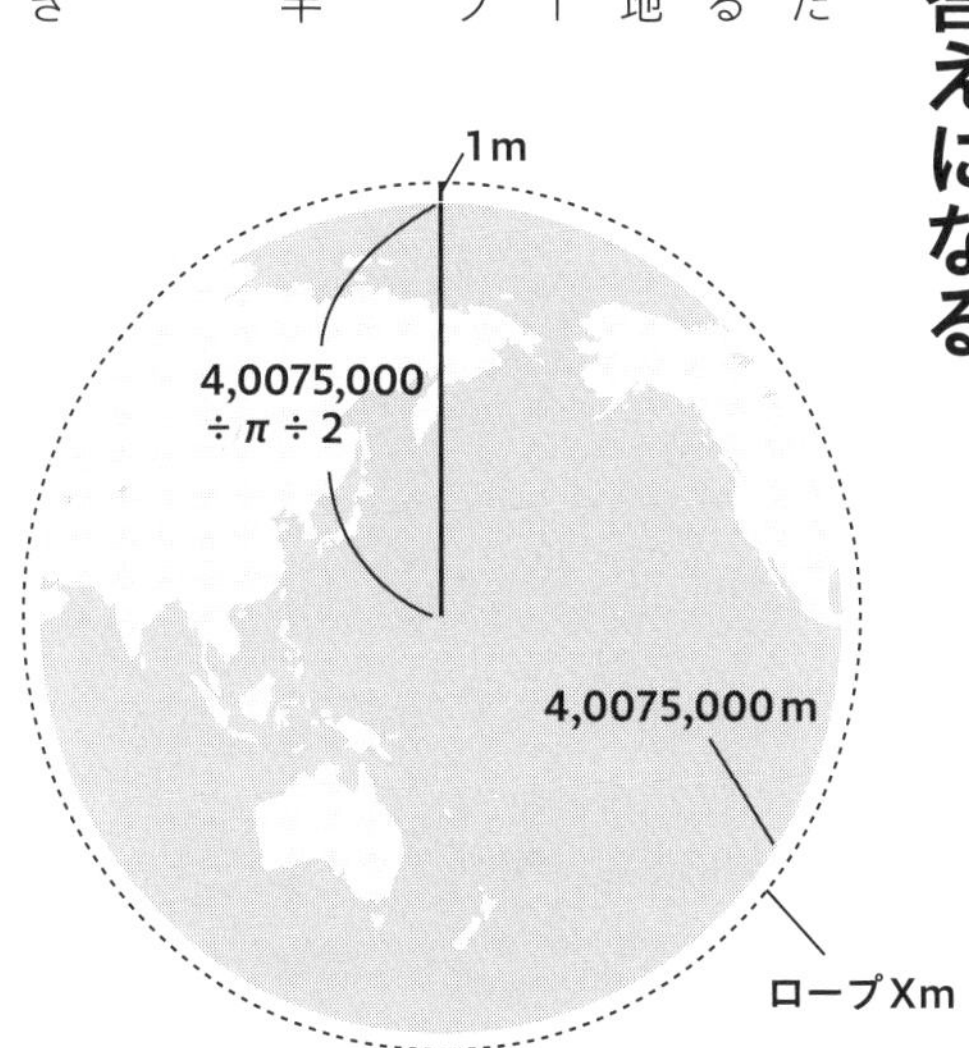

ます。地球から1mロープを浮かせた円の半径は（4007万5000÷π÷2）+1mとなります。円周は半径×2×円周率（π）ですから、計算すると、

ロープ1周の長さ（地表から1m上に浮かせた状態）
＝（4007万5000÷π÷2+1）×2×π

となります。

ここから地球の円周を引くことで、足すロープの長さが求められます。

地球1周との差分
＝（4007万5000÷π÷2+1）×2×π−4007万5000＝2π＝6・28

正解は、ロープを6・28m長くすると、地面からロープまでちょうど1mの場所でロープが1周するということです。「あれ、そんなものなの？」と想像より短い印象を受けたかもしれません。

ここで一般化してもう少し踏み込んで考えてみましょう。

円周＝半径×2×円周率（π）

円の半径＝円周÷円周率（π）÷2

円周をxmにして計算すると、

(x÷π÷2+1)×2×π−x=2π

という数式が成り立ちます。

この計算をすると、途中で地球の半径xの値が打ち消しあって消えているということがわかります。

これが何を意味しているのかというと、**地球だけでなくあらゆる円形のものは、円周と、1mロープが浮くときの円周の長さの差は、すべて同じになるということです。**

サッカーボールやボウリングの球、シャボン玉のような小さい球でも、地球と同じく1m浮かすためにはロープが6.28m必要になるのです。

この不思議な結果は、実際にボールで試して体験してみてほしいです。

最短で駅構内に入るためには、
どの切符売り場と改札口を使えばいい？

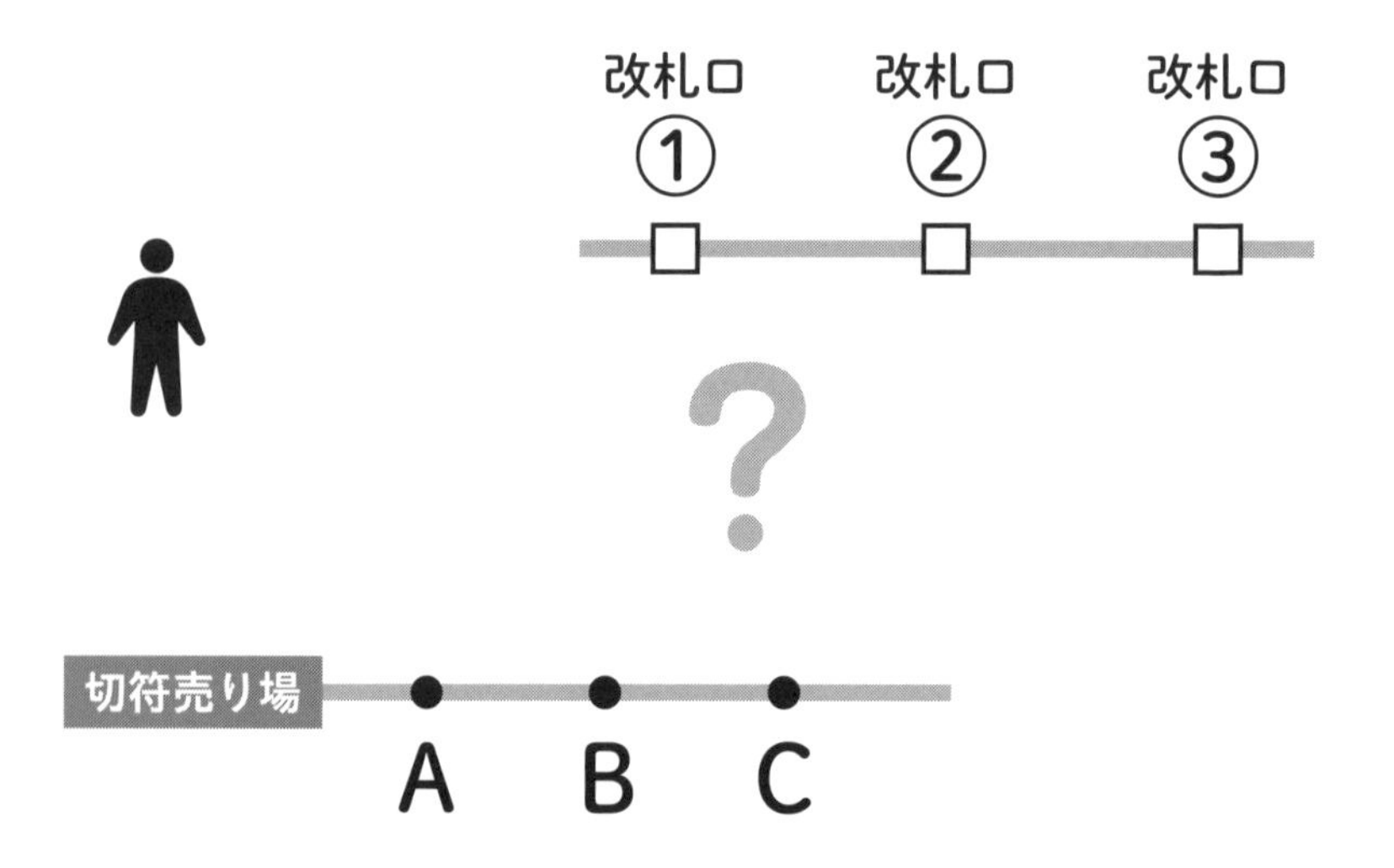

一直線に近い場所が最短距離になる

図にして考えてみよう

あなたが駅に到着したとします。今、目の前には切符売り場がA、B、Cの三つあり、その後に通る改札口が三つあります。切符を買ってからその改札口を通る際に、最短距離で行くにはどの切符売り場で切符を買うといいでしょうか？　急いでいるときは、なんとなく改札口から近い切符売り場Cで買ってしまいそうですが、実際のところどうなのでしょう。

二つのステップに分けて考えてみましょう。まずは現在位置から切符売り場までの距離を考えます。この時点で、最も近い切符売り場を選ぶのが理にかなっていると考えられますね。例えば、あなたが今いる位置から見て、切符売り場Aが最も近いとします。

次に、選んだ切符売り場から改札口までの距離を考えます。もちろん自分がいる位置から一番近い改札を選ぶことになるはずなので、改札①を選ぶことになります。

では、本当にこの方法で選んだ現在位置↓切符売り場A↓改札①という進み方が最短になるのでしょうか。最短距離がどのルートかを求める方法は以下の通りです。

(1)現在位置から各切符売り場A、B、Cまでの距離を測る
(2)各切符売り場から改札口①、②、③までの距離を測る
(3)上記の距離を合計して、最も短いルートを見つける

例えば、あなたの位置から切符売り場Aまでが100m、そこから改札口①までが200mだとすると、このルートの全距離は300mになります。同様に、切符売り場BやCを通るルートの全距離も計算し、そのなかで最も短いものを選びます。しかし、これを全パターン計算するのは少し面倒ですね。

自分↓切符売り場↓改札口を一直線でつなぐ

実は、このように計算しなくとも、全体の配置図さえわかれば一発で解決する方法があります。

切符売り場を基準にして線対称で考えて、切符売り場が改札口の向こう側にあるとイメージします。

ここで改札口②③へのルートは一目で距離があるとわかるので外してしまいましょう。

さて、改札口①までのルートですが、線対称にしてみると、Aは改札口まで一直線に近く、BとCは折れ線になることがわかります。つまり、現在地から改札口まで一直線に近い場所にある切符売り場Aを使えば最短距離だということになります。

◆どれが最短距離？

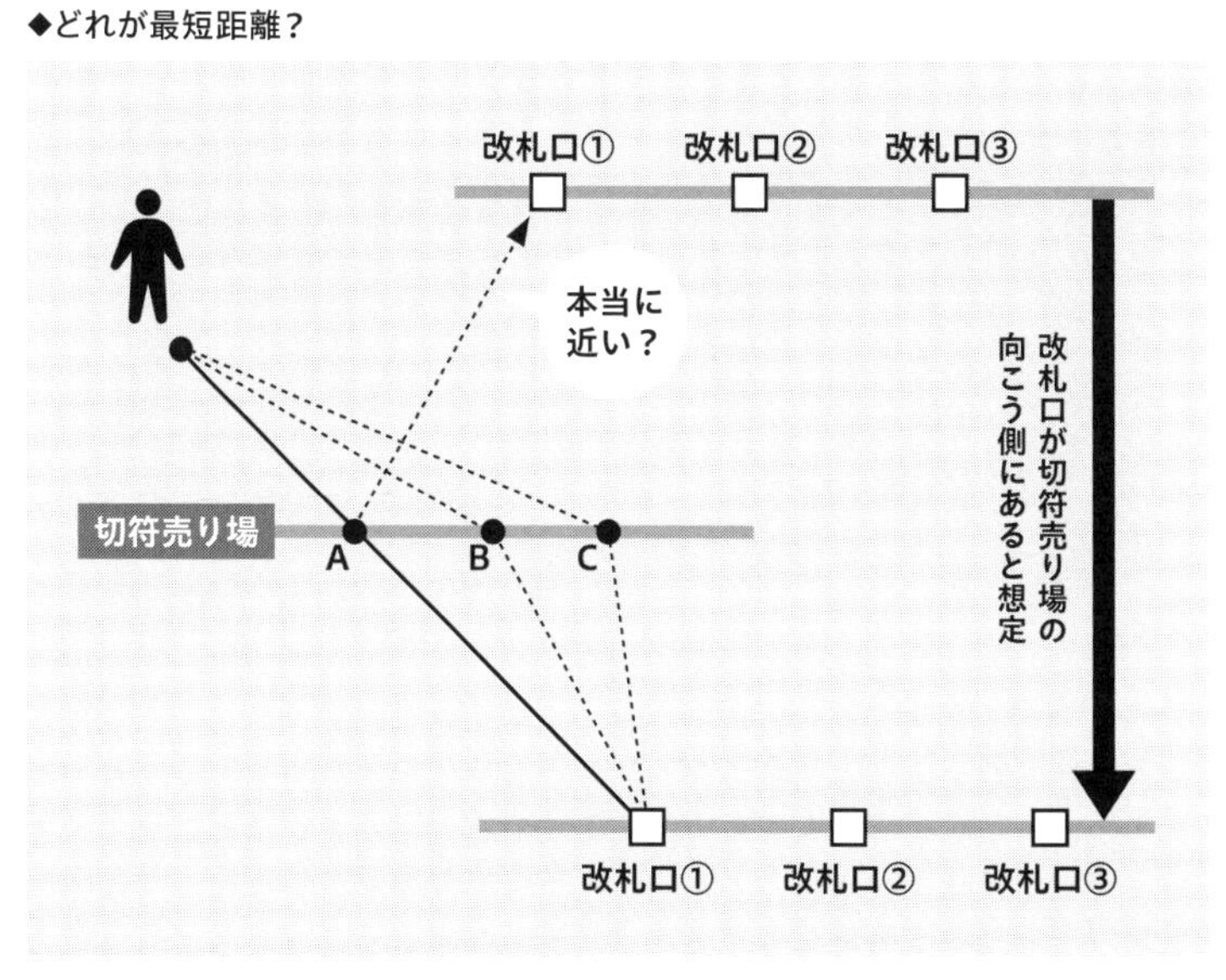

最短距離に見えて実はそうではない例

　このように数学を使って考えると最短距離が意外と簡単に求められます。

　余談ですが、世界地図における最短距離の表記（メルカトル図法）にはゆがみがあります。メルカトル図法で書かれた地図でまっすぐな直線を引いても最短距離にはなりません。実際の地球は球体だからです。地図にして考えるにしても、地球規模で考えるときは要注意です。

◆メルカトル図法

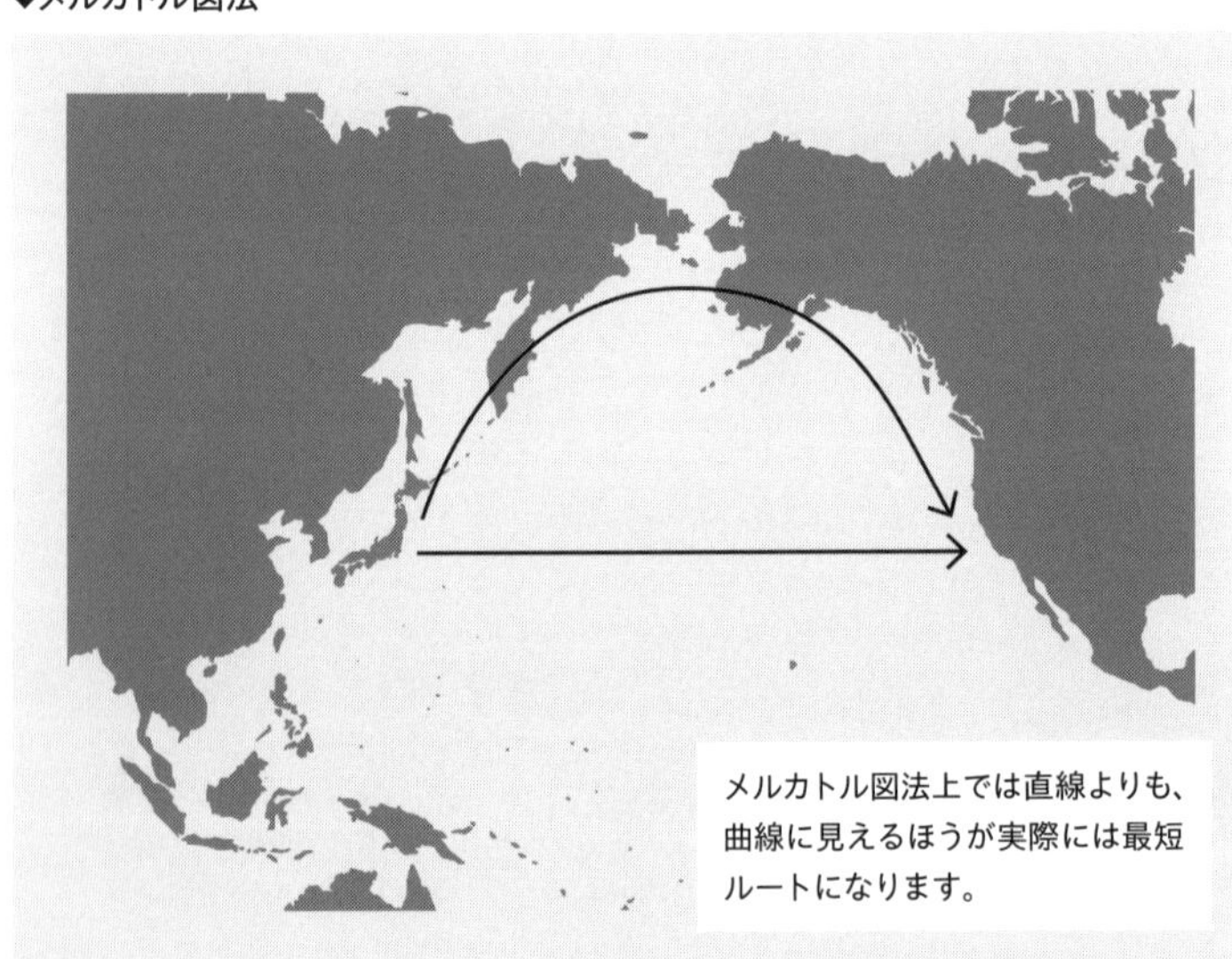

速度の例でいうと……

最短距離を通るのが必ずしも一番早く目的地に到着するとは限らないこともあります。坂道で上からボールを転がすことを考えるとき、どういった形状の坂が最も早く一番下まで転がるでしょうか。

普通は、一直線の道が一番速いと思うでしょう。でも、「サイクロイド曲線」という曲線坂は、最初に急に下り、その後はなだらかになる特殊な形をしています。そのため、ボールが最初にグッと加速して、その後はスピードを保ちながら滑り降りるのです。

結果、直線よりも速くボールが最終点に到達します。

ただの円の形で同じように坂を作っても同様に直線よりも早く転がりますが、このサイクロイド曲線のほうが円形の坂よりもわずかに早く転がります。ジェットコースターの下り坂の形状もサイクロイドに近しい形状を目指して作ることで、よりスピード感を体感できるようになるのです。

◆サイクロイド曲線

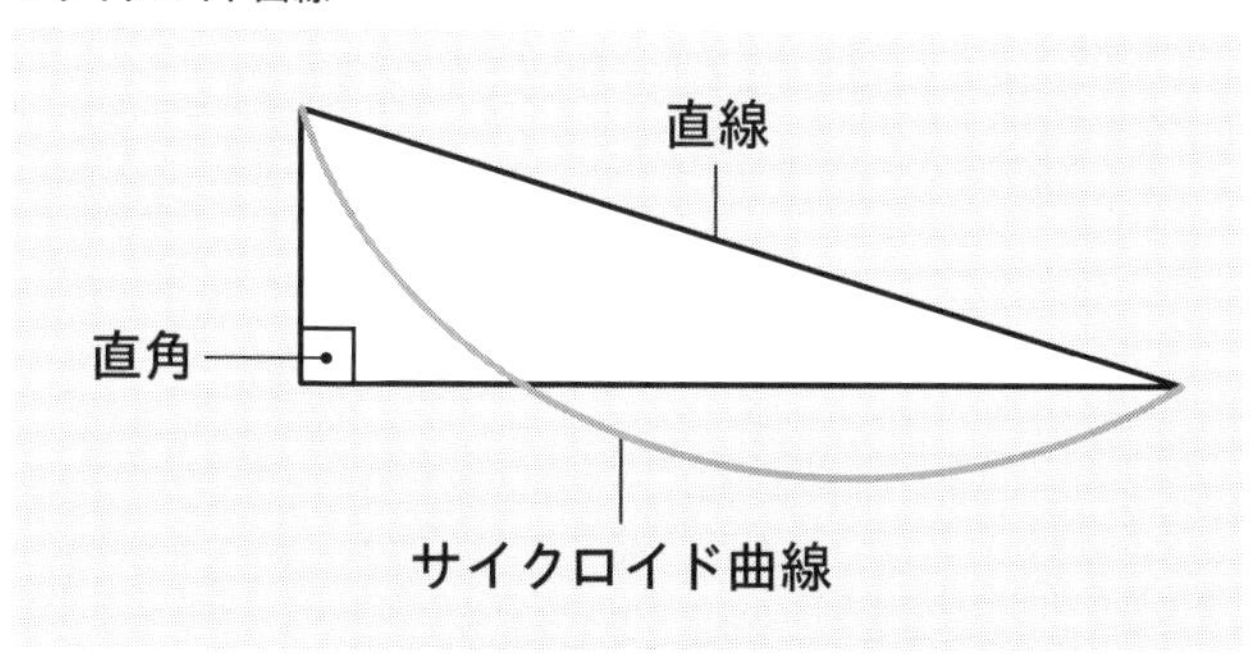

ちなみに「サイクロイド曲線」は、平面上を転がる円が描く道のことです。自転車のタイヤの一点が地面に接して転がるとき、その点が描く軌跡がサイクロイド曲線です。

ゴルフをする際にサイクロイド曲線の軌道でスイングすることで、少ないエネルギーで効率的に最速でボールを打てるようになるため、飛距離が伸びるといわれています。プロゴルファーのなかには意図的にサイクロイド曲線を意識してプレイしている人もいるそうです。

サッカーのフリーキックはどこから蹴ると一番ゴールに入りやすい？

もっともゴールしやすい点は円周上にある

ゴール前に大きな円をイメージしよう

サッカーのフリーキックは、図1のA～E地点の、どこから蹴るのが一番ゴールに入りやすいと思いますか?

サッカーでゴールを狙うとき、ボールをどこから蹴るかはすごく重要です。今回は、ゴールからの距離が違う五つの地点、A、B、C、D、Eからのシュートについて考えてみましょう。

まず、Eはゴールから一番遠く、D、C、B、Aの順にゴールに近づいています。普通に考えると、Aが一番ゴールに近いから、ゴールを決めやすいと思うかもしれません。ところが、不思議なことに、実はCの地点のほうがゴールしやすいという見方もあります。

ゴールの前に大きな円を描いたとして、その円周上にCがあります。FとGはゴールポストの位置です。このとき、円周上のどの点からFとGを見ても、図1の☆にあたる角度はいつも同じです。でも、Cを除く他の四つの地点(ABDE)は、円の外にあるので、角度が小さくなってしまいます。

つまり、Cからだとゴールに入れることができる範囲が一番広いということです。

コーナーキック（H）から直接ゴールを狙うのが難しいのは、この円周上から大きく外れているのが理由の一つです。

ただし、この話は角度だけを考えた場合です。実際のサッカーでは、ゴールまでの距離や、ゴールキーパーやディフェンスの選手もいるので、それらも考えないといけません。だから、Aの地点が一番近いので、本当はゴールしやすいかもしれません。今回の話は角度の観点から見た場合の話だということを忘れないでください。

◆図1

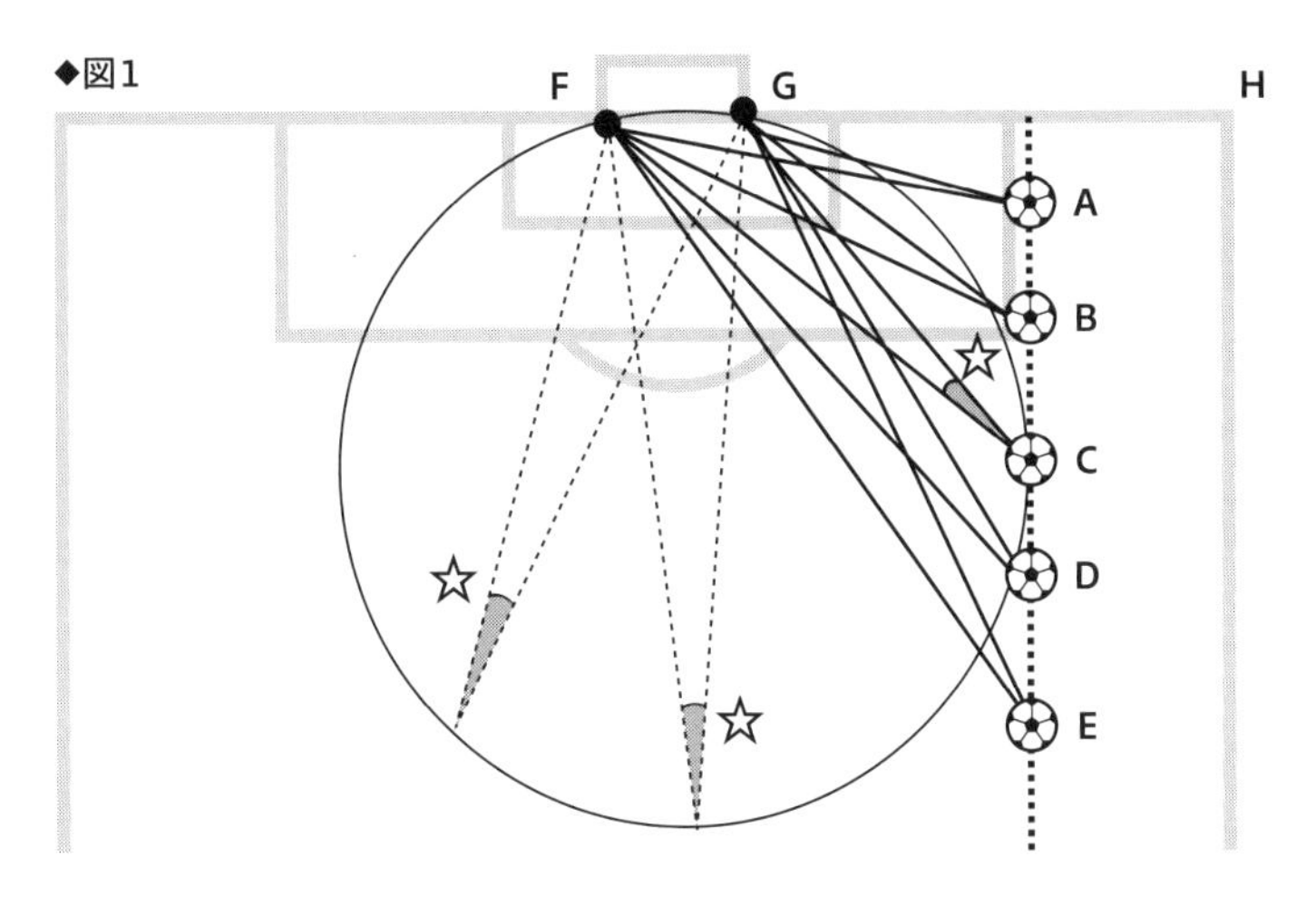

※相手チームのゴールキーパーやディフェンスはいないものとします。

「さしがね」で丸太の直径を測る

先程の話は、中学数学で習う「円周角の定理」を使っています（図2の①）。実は日常生活でも目にすることがあります。その一例として、「さしがね」という道具のお話をしましょう。さしがね、または曲尺（かねじゃく）とも呼ばれるこの道具は、L字型の定規みたいなものです。知らない人もいるかもしれませんが、木材を扱う人にはとても便利な道具として昔から大工さんたちに使われています。

「さしがね」にはいくつか使い方がありますが、丸太の大きさを測るときにも使えます。例えば、丸太を円として考えたとき、その円周上に「さしがね」の一角Pを置くと、円周と「さしがね」が他の2点でも交わります。これらの2点をAとBとしましょう。ここで円周角の定理のもう一つの性質、「中心角は円周角の2倍」を使います（図2の②）。角Pが90度なら、AとBと円の中心Oが作る角度は180度になります。つまり、AとBの間の線は丸太の直径になるのです。これで、丸太の直径を簡単に見つけて測ることができるわ

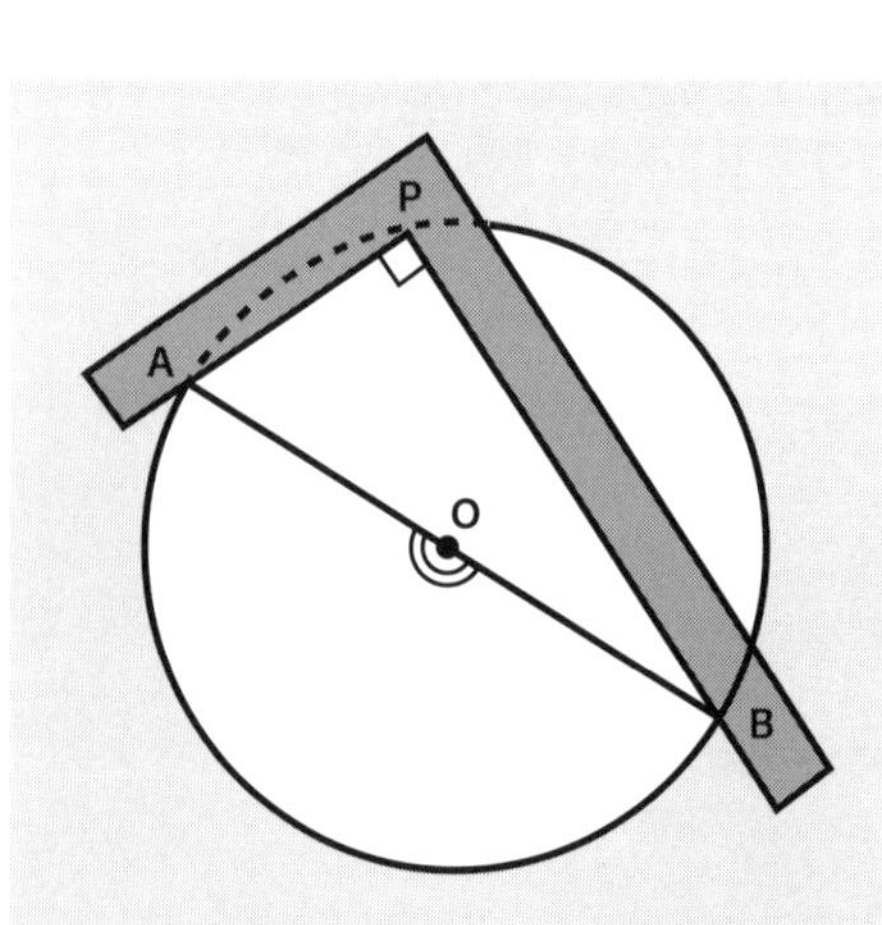

けです。

「さしがね」にはもう一つ特別なことがあります。表面は普通の定規のような目盛りがあるのですが、裏面にはちょっと変わった目盛りがあります。1目盛の幅が通常より約3・14分の1倍、もしくは約1・41倍になっているのです。

これを使えば、直径から円周の長さや、丸太から取れる角材の一辺の長さを、計算せずにすぐに知ることができます。

普段はあまり見かけないかもしれませんが、もし「さしがね」を見かけたら、この特別な目盛りをぜひチェックしてみてくださいね。こんな風に、昔から使われている道具には、数学の知識が生かされていることがあるのです。

◆図2

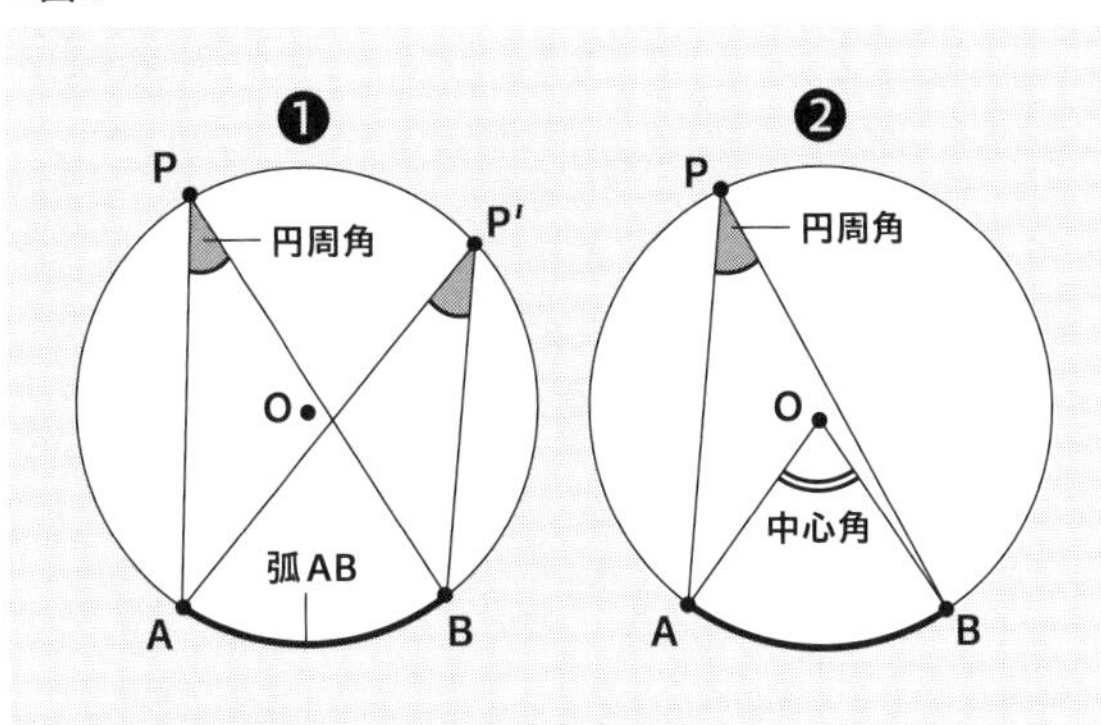

円周角の定理

❶ 円周に2点ABをとり、弧ABとする。弧AB上にない点Pをとると、角APB(=円周角)はPの位置に関係なく一定となる。

❷ 同じ弧によってできる、円の中心をOとしたときの角AOB(=中心角)は、円周角の2倍となる。

歴史コラム

初めて日本地図を作った伊能忠敬は、子どもの頃から和算マニアだった!?

わが国初の実測日本地図『大日本沿海輿地全図』を作った人物といえば地理学者の伊能忠敬（1745－1818年）です。彼はただ日本を歩いて実測しただけでなく、三角比という数学の技術を使ってより正確な地図を作成しました。

彼は、実は非常に数学に長けていたといわれています。前述の通り、三角比は、直角三角形の辺の長さの関係を表すものです。測量士は二点間の直線距離を測り、その一点から別の点への角度を測定します。この情報から三角比を使って、未知の点の位置が計算できるのです。

この技術をフル活用したのが伊能忠敬でした。

伊能忠敬が幼少期から愛読していた本に『塵劫記』があったといわれています。『塵劫記』は約400年前、江戸時代初期の1627年に誕生した数学書です。この書籍は一大ベストセラーになり、子どもから大人まで空前の数学ブームを巻き起こしました。『塵劫記』がもたらした数学の大衆化により、江戸時代の中頃には庶民でもそろばんを使い、九九を覚え、割り算もでき、大きい数から小さい数まで自由に使いこなせるようになりました。『塵劫記』の最大の特徴は、実に多くの実用問題・数学パズルが掲載され、かつイラストが豊富なことにあります。結果、老若男女を魅了し、大正時代まで全国の版元から海賊版・類似書が約４００タイトルも出版されたほどの超ロングセラーとなりました。

そもそも日本には「和算」という日本独自の伝統的な数学の形式がありました。江戸時代から発展したもので、中国から入ってきた算盤や算木などを使って、数学的問題を解く手法でした。

和算の特徴は、数字ではなく図や言葉を使って表現することにあります。例えば、「天元術」といった独特の問題解決法があり、これは方程式を解くための方法の一つで、西洋数学の代数学や幾何学とは異なるアプローチを取ります。

和算は、日本の数学教育や数学的思考の発展に大きく寄与しましたが、明治時代に西洋数学が導入されたことで徐々にその役割を終えました。しかし、その独創的な手法や思考は、日本の数学の歴史において重要な位置を占めています。

第4章

未来を予測する

グーグルマップは最短距離で行けるルートをどうやって計算しているの？

グーグルマップの検索は本当に最短？

17×17碁盤の目には「無量大数」通りの道がある

ある場所から別の場所へ行くとき、グーグルマップのようなネット上の地図を使う方も多いでしょう。スタート地点とゴール地点を設定すれば、自動的に最短距離で行けるコースを教えてくれる便利な機能です。

ところが、「この最短距離って本当に最短なの？」という疑問を持ったことはありませんか。

まずはシンプルに考えてみましょう。例えば、2×2のマス目があるとします（図1）。このなかで、スタート地点からゴール地点まで最短距離で行く場合、行き方は全部で6通りあります。

◆図1

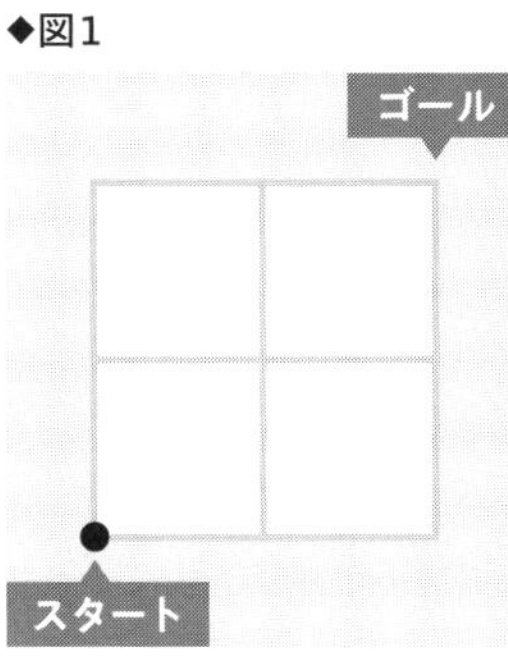

ところが、同じ交差点を通らないように迂回してもOKとすると、

◆図2

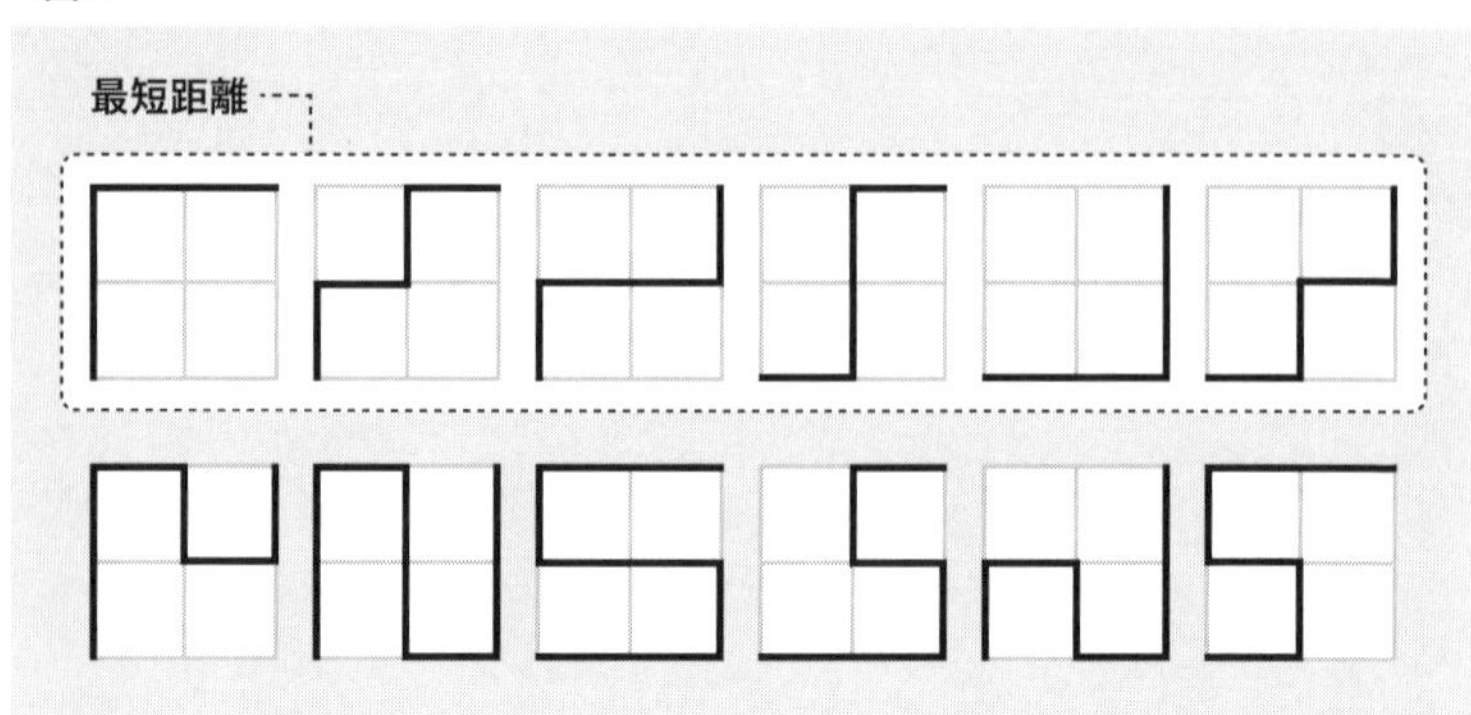

さらに多くの行き方が出てきます。2×2のマス目では、最短距離で6通りですが、迂回も加えると12通りの行き方があります（図2）。

もっと大きな3×3のマス目だと、話はさらに複雑になります。3×3マスの場合、最短距離で行くと20通りの行き方がありますが、迂回を加えるとなんと184通りもの行き方があるのです。

さらには、たった4、5、6、7、8というような程度のマス目であっても、迂回を含めた行き方の数は飛躍的に大きな数になります。9マスに至っては、「京」の単位が出てきます。驚くことに、17マスになると、「無量大数」が出てくるのです（図3）。

実際の17×17マスの図を見ると（図4）、意外と小さくて「ここに63無量大数もの行き方があるの？」と疑問に思うほどです。

京都の街の散策ルートは無量大数レベル!?

京都の街を考えてみましょう。京都の街は「碁盤の目」のように、道が縦と横に整然とつながっています。京都の街を散策しようとすれば、

◆図3

1×1マス…2通り
2×2マス…12通り
3×3マス…184通り
4×4マス…8512通り
5×5マス…126万2816通り
6×6マス…5億7578万564通り
7×7マス…7893億6005万3252通り
8×8マス…3266兆5984億8698万1642通り
9×9マス…4104京4208兆7026億3249万6804通り
10×10マス…1秭(じょ)5687垓5803京464兆7500億1321万4100通り
⋮
17×17マス…約63無量大数通り

◆図4

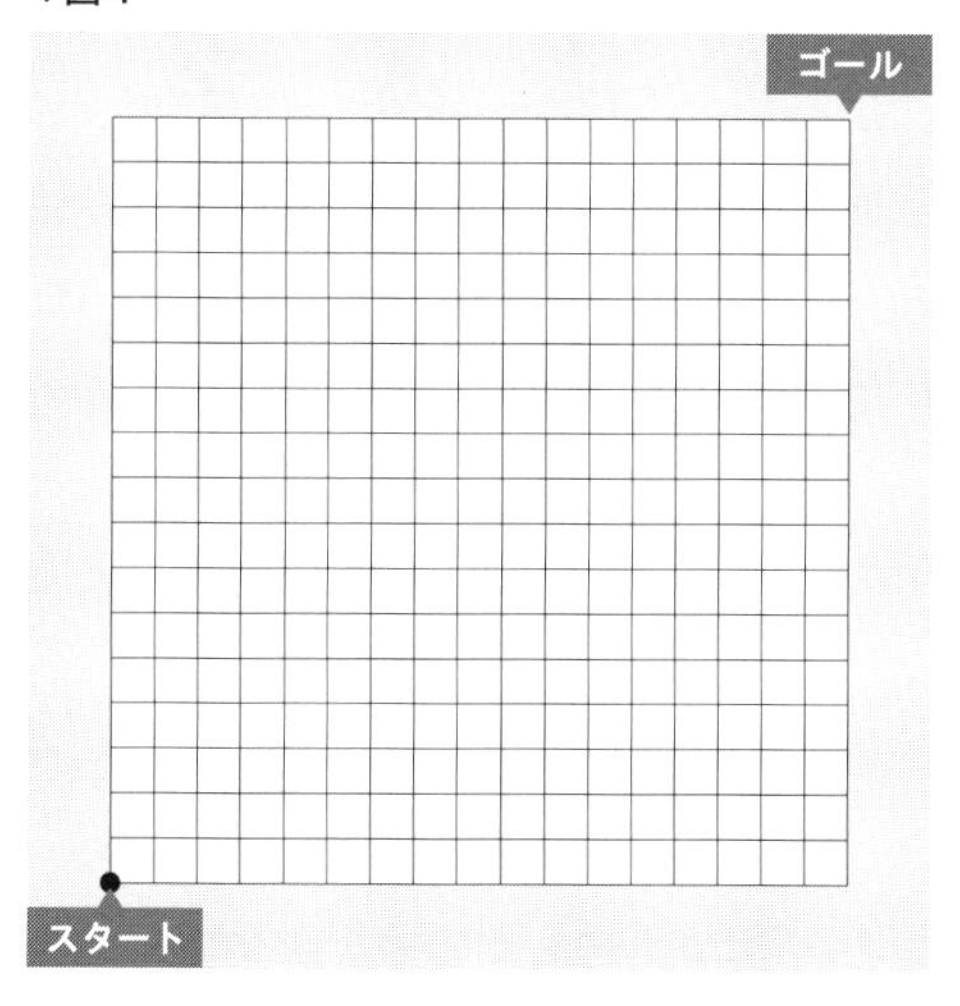

無量大数レベルの散策ルートがあるといっても過言ではありません。迂回を加えたりすれば、行き方の数は想像を超えて増えていくのです。

ここでまた、「無量大数」という言葉が出てきました。1章でトランプの山札のカードの並びは約2000無量大数あるとお伝えしました（P38）。

無量大数というと、あまりにも大きな数なので無縁な存在だと思っている人も多いかもしれません。しかし、碁盤の目の通り方やトランプの山札といった私たちの身近なところに、意外な形で潜んでいるのです。

最短距離を選ぶアルゴリズム

グーグルマップなどネット上の地図は、そんな無数のルートのなかから「最短距離」で行けるルートを選び出しています。

17×17マスですらスタートからゴールまで行く方法が無量大数通りの行き方があるのです。

もちろん、あからさまに遠回りのものは初めから除外されるはずですが、その無数の経路のなかから、どの道を選べば一番早く目的地に到着できるか、すべての経路を瞬時に計算して、最適な道を選ぶのは、膨大で複雑な作業です。

グーグルマップなどネット上の地図では「ダイクストラ法」という特別な計算方法を使っています。「ダイクストラ法」は、グラフ理論におけるアルゴリズムの一つです。

この方法は「最短経路問題」を解くために使われます。グラフとは、点（ノード）とそれらを結ぶ線（エッジ）で表される構造のことを指します。

例えば、地図上の一つの地点から別の場所へ行きたいとします。地図上にはたくさんの道があり、それぞれの道を通るのにかかる時間が異なります。ダイクストラ法は、この地図を一つのグラフとして考え、最も早く目的地に到達する経路を見つける方法です。

とはいえ現実の「道」は複雑で、その演算量は膨大なため、スピードが求められるインターネット上の地図では一部簡略化したアルゴリズムを使用していると聞きます。そのため時に計算違いが生じることもあるのです。また混雑状況も加味しているので、「なぜこのルートを示すの？」と疑問に思うような道順を示すこともあるでしょう。

もちろん、ほとんどの場合には最高水準の結果を提供しているといえます。

計算の膨大さと複雑さを考えると、「たまにはグーグル先生が間違うのも仕方がないよね」と大目に見てやってください。

20分間に96%の確率で
当たりが出るパチンコ台があるとします。
10分でやめたときに当たりが出る確率は?

「引き算思考」で考えてみよう

「余事象」の考え方を使うと、簡単に答えが出る

ある日の朝、あなたは傘を持って出かけるか否か判断に迷っているとします。天気予報によると、その日の降水確率が30％とされています。このとき、多くの人は「70％の確率で晴れる（つまり、傘を持って行かない）」と考えるでしょう。この推測は、降水確率の「余事象」、すなわち「雨が降らない確率」を考えることで導き出されます。雨が降る（事象）の反対は雨が降らない（余事象）ですから、全体（１００％）から雨が降る確率（30％）を引くことで、雨が降らない確率（70％）を得ることができます。

パチンコの例で考えてみましょう。

あるパチンコ台が、20分の間に96％の確率で当たりが出ると仮定します。このとき、10分でやめたときの当たる確率はどのくらいになると思いますか？

◆図1

パチンコを10分でやめたときに当たる確率
＝
全体 － パチンコを10分でやめたときに当たらない確率
余事象 X

多くの人は、単純に20分の半分だから確率も半分にして48％だと考えるかもしれません。しかし、答えは80％なのです。

いったい80％という勝率はどこから出てきたのでしょうか。

「パチンコを10分でやめたときに当たる確率」を出すには、「全体」から「パチンコを10分でやめたときに当たらない確率」を引くと、答えが出ます（図1）。ここでいう「パチンコを10分でやめたときに当たらない確率」のことを「余事象」といいます。

余事象とは、「求めたい事象以外の確率」を指します。なぜこれが大切かというと、直接求めたい事象の確率を計算することが難しい場合、その反対の事象の確率を先に求めたほうが簡単なことがあるからです。

では余事象である「パチンコを10分でやめたときに当たらない確率」はどう求めたらよいのでしょうか？

まず、求めたい余事象をXとしましょう。パチンコ台が「20分の間に96％の確率で当たる」ということは、言い換えると、「20分の間に4％の確率で当たらない」ことを意味します。「4％当たらない」というのは、最初の10分で当たらず、さらに次の10分も当たらない確率が4％

ということです。つまりX^2＝4％（0・04）です。

この式を解くと、Xは0・2になります。パーセントに換算すると20％です。こうして「パチンコを10分でやめたときに当たらない確率」が20％とわかりました。Xつまり「10分でやめたときに当たらない確率」が20％なので、冒頭の問いである「10分でやめたときに当たる確率」は全体（100％）から20％を引いた80％になるのです。

ちなみに実際には、このような確率のパチンコ台は存在していないのであしからず……。

トーナメント戦では何試合すればいい？

余事象はさまざまなものに応用できます。例えばトーナメント戦で何試合行うかを考えるときも、余事象で解いたほうが早いときがあります。

仮に4人の参加者がいて、トーナメント戦で優勝者を1人決めるとします。何試合行えばいいでしょうか？　単純に1試合ずつ数えてもわかりますが、余事象を使えばすぐに答えが出ます。

4人参加者がいて優勝が1人決まるということは、余事象的に発想すると、優勝者1人以外の3人は負けることになります。つまり、1試合につき1人しか負けないので、3試合やれば3人が負けます。だから「3試合やればいい」という発想がすぐにできるわけです。

◆図2

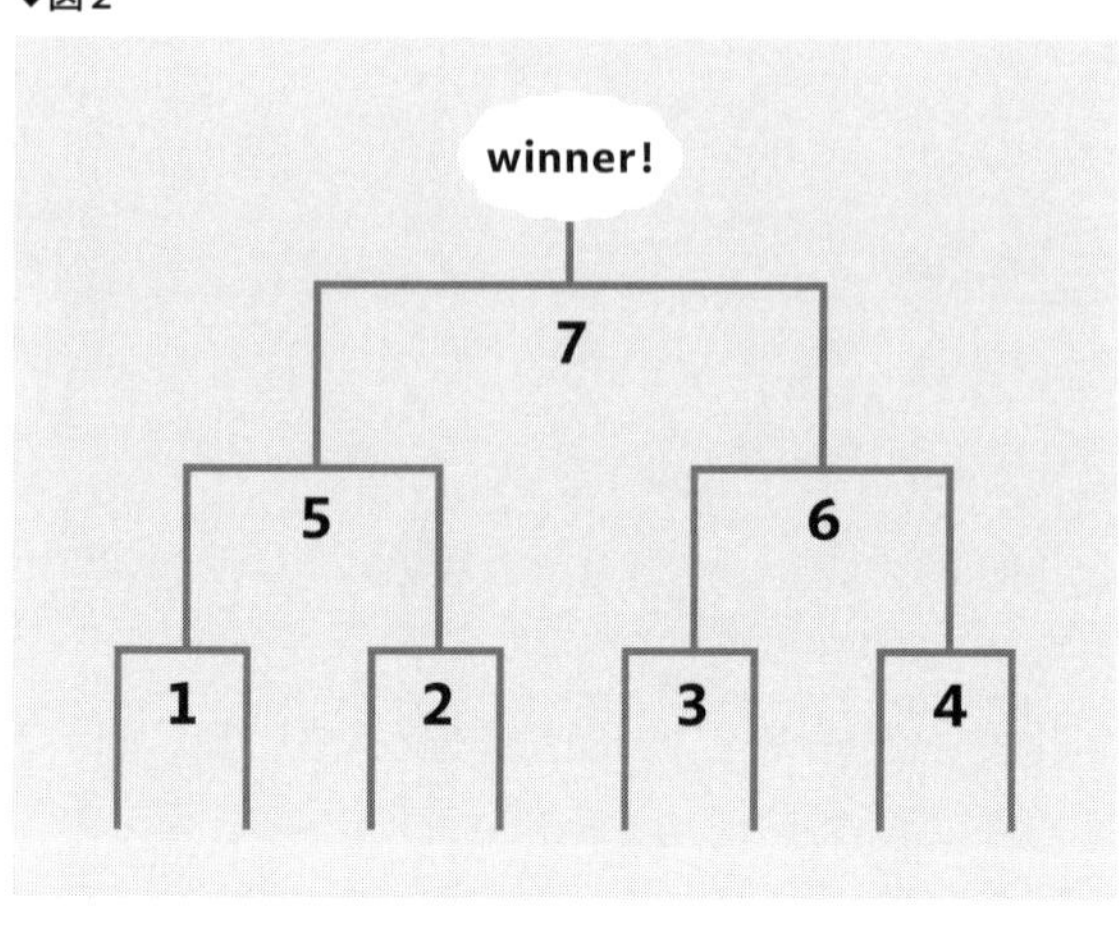

また、「8人の参加者がいるトーナメント戦では、何試合すれば良いでしょうか?」という問題があったとします。8人参加者がいて1人だけが優勝するわけだから7人が負けるわけです（図2）。1試合で1人負けるから7試合する必要があることがわかるのです。余事象は「引き算思考」という言い方をしてもいいかもしれません。ここまで説明してしまえば当たり前のことかもしれませんが、トーナメントの形が変わっても、同じく7試合になります（図3）。

これを理解すると、大きな数字や複雑な問題でも、簡単に答えを導くことができます。余事象を使って問題を別の角度から見ることで、解決策がずっと容易に導けるでしょう。

◆図3

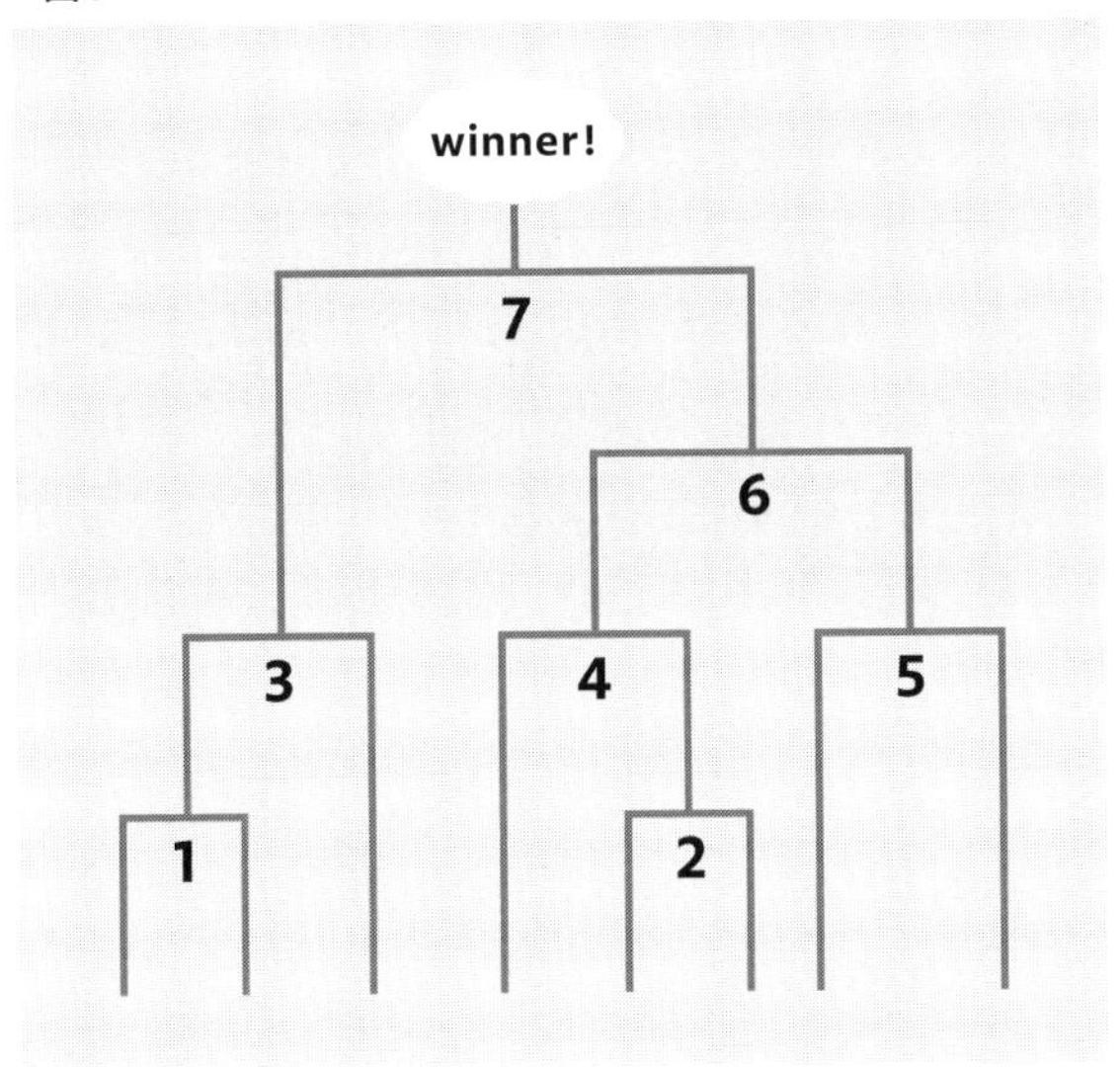

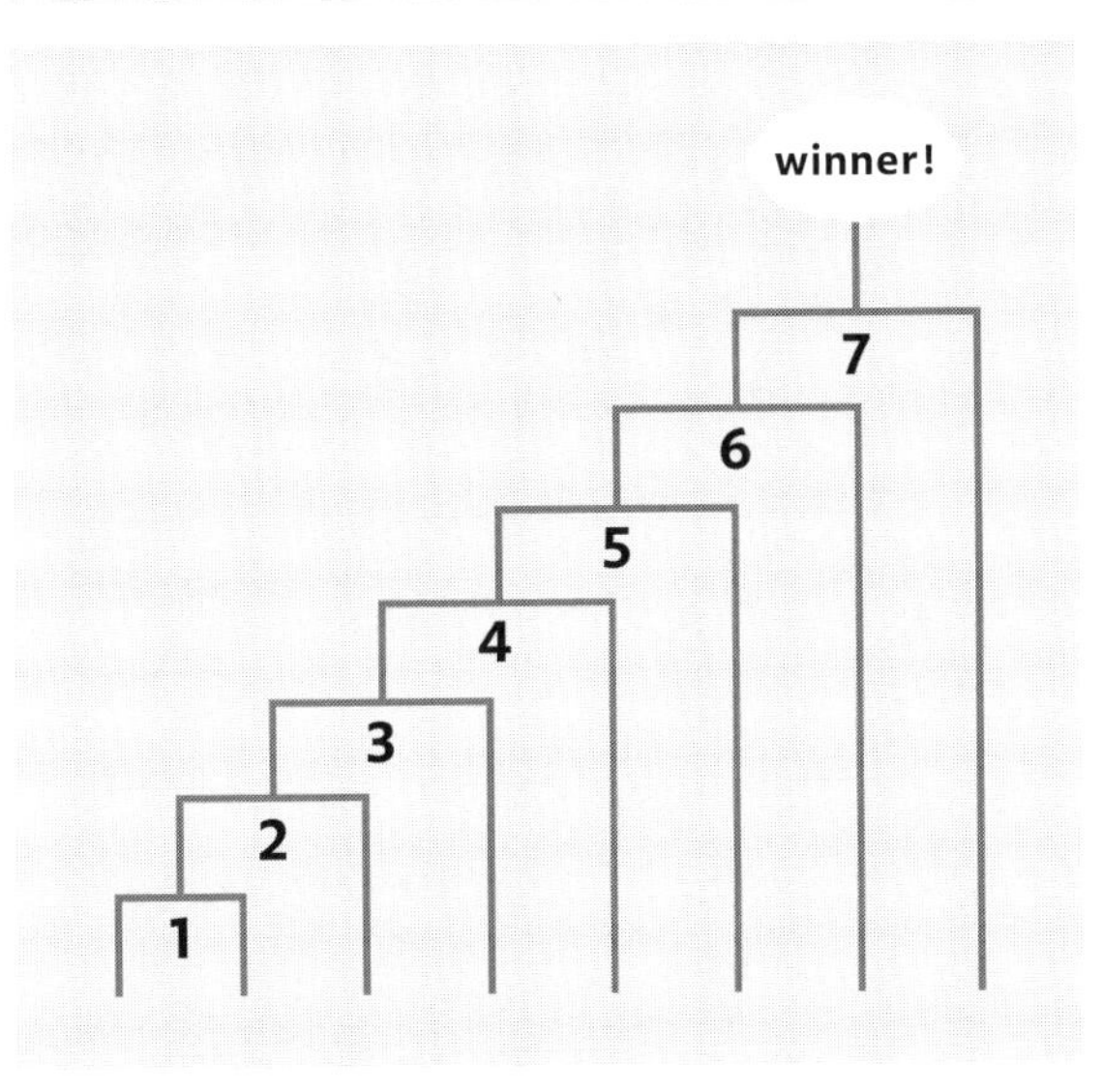

じゃんけんで15回連続
「あいこ」になるのはどのくらいの確率？

あいこが15回連続するのは1400万分の1以下

宝くじの1等を当てるより難しい

じゃんけんは、グー、チョキ、パーの三つのパターンで勝負を決める遊びです。じゃんけんで勝つ確率や、あいこになる確率、負ける確率を考えることは数学の問題を面白く考える身近な素材になります。

まず、じゃんけんは三つの手があるので、1回のじゃんけんで勝つ確率、あいこになる確率、負ける確率はすべて3分の1です。つまり、3回に1回は勝つか、負けるか、あいこになるということです。

しかし、じゃんけんを何回も続けて、その度に勝つ、負ける、あいこになり続ける確率は、回数が増えるにしたがって低くなっていきます。例えば、2回連続で勝つ確率は、3分の1を2回かけた9分の1になります。

それでは、さらに6回連続で同じ結果になる確率はどうでしょう。これは、3分の1を6回かけると出る確率で、729分の1です。これは、365日のなかから誕生日を当てるよりも難しい確率になります。

では、15回連続で同じ結果になる確率はどれくらいかというと、1434万8907分の1です。これをパーセントで表すと、0.0000069917%になります。これは、想像を絶するほど低い確率で、1枚の宝くじで1等を当てるのとほぼ同じです。宝くじで1等を当てるのがいかに難しいかはいうまでもありませんが、じゃんけんで15回連続で同じ結果になるのも、同じくらい難しいことなのです。

実際に15回連続で勝てるか、じゃんけんをして、その難しさを体感してみるのも面白いかもしれません。

問題

**帽子、シャツ、上着、パンツ、靴の
5種類のアイテムを1年間、毎日異なる組み合わせで
着る場合、それぞれ必要最小限の数は？**

人生に必要な服は何着？

組み合わせで考えればそれほど多くの服はいらない

質問です。ある人が帽子、シャツ、上着、パンツ、靴の5種類のアイテムを1年間、毎日異なる組み合わせで着るとします。このとき、それぞれ必要最小限の服装は何点でしょうか。

ここでは、毎回全アイテムから1点ずつ選んでコーディネートすることを条件とします。例えば、パンツのみを着用するという選択肢は適用されません。

初めに、シンプルなケースを見てみましょう。ここではシャツとパンツの組み合わせを考えます。白シャツ1枚、黒シャツ1枚、長パン1枚、短パン1枚がある場合、合計で二つのシャツと二つのパンツの組み合わせ、すなわち4通りの異なるコーディネートが作れます。

次に、より複雑な例として、「帽子、シャツ、ジャケット、パンツ、靴」の五つのカテゴリーのアイテムを用いて考えてみましょう。各カテゴリーから4種類ずつアイテムが選べると仮定した場合、

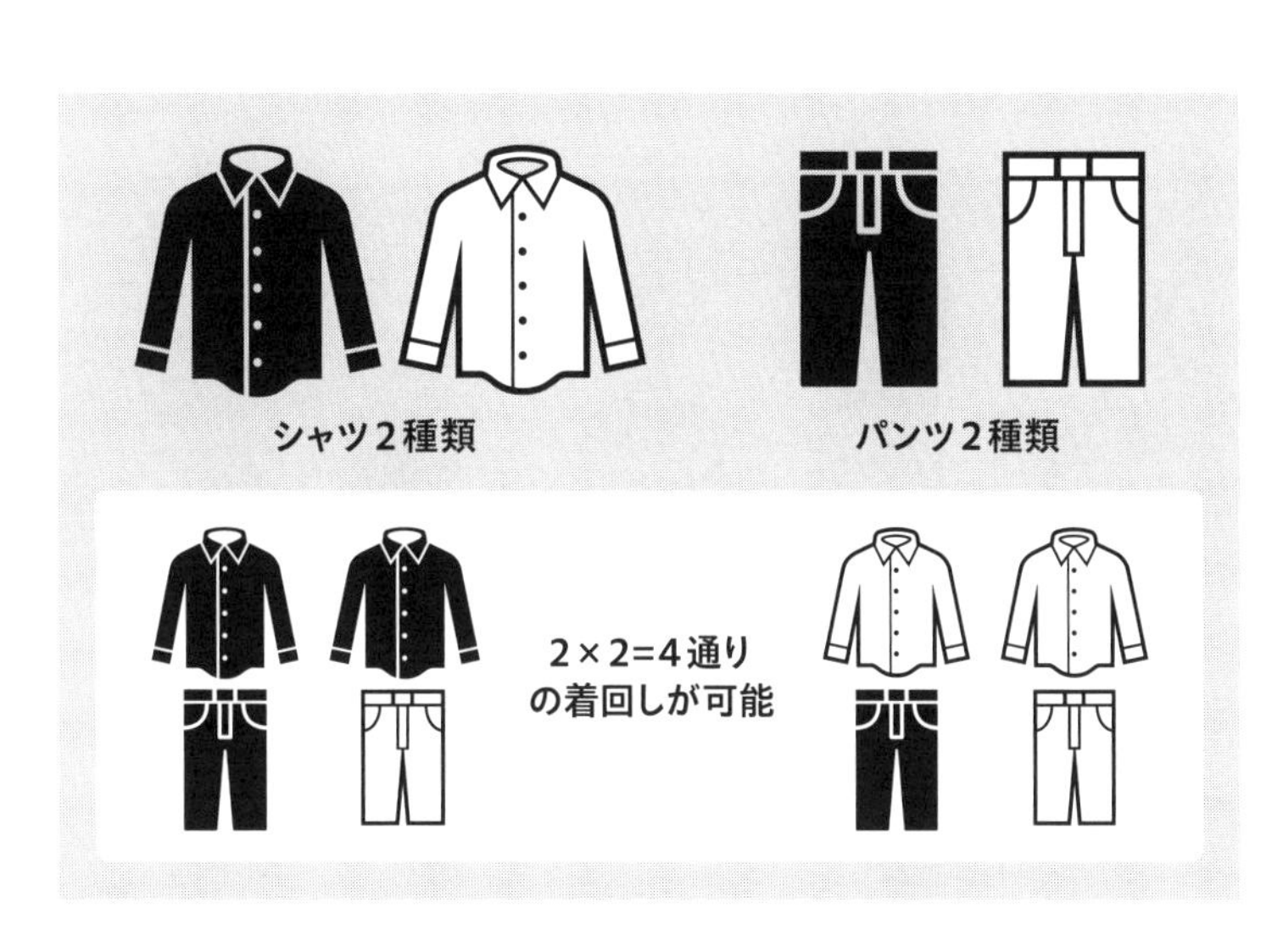

全アイテムは4×5で合計20種類あります。
これらから作れる異なるコーディネートの組み合わせは4×4×4×4×4＝1024通りになります。これは、毎日異なる服装をするとしても3年近くかかるほどのバリエーションです。

1年間毎日違う組み合わせにするには？

ここで「1年間毎日異なる服装をするためには最低限何種類のアイテムが必要か」という点に焦点を当てます。

この条件を満たすには、少なくとも366通りの異なる組み合わせができる最小限のアイテム数を見つけることになります。

もしも、帽子とシャツのバリエーションをそれぞれ三つに絞った場合、全体で18種類のアイテムになります。これらから作成可能な異なるファッションセットは3×3×4×4×4＝576通りとなります。

1年は365日なのでもう少し数を減らせそうです。帽子、シャツ、ジャケットを3種類ずつにしてみましょう。するとアイテム総数は17となり、組み合わせは432通りになります。

パンツの種類も3に減らした場合、組み合わせの総数は3×3×3×4×4＝324通りとなります。これでは1年間毎日違う組み合わせには足りません。

ここで帽子を2種類、シャツを3種類、その他のアイテムを4種類ずつにすると、全アイテム数は17種類になり、異なるコーディネイトは2×3×4×4×4＝384通り作れることになります。

結論として、アイテム総数は17種類としたうえで、よりアイテム数を増やしてコーディネートが楽しめるやり方は、五つのカテゴリーのうち三つを3種類、二つを4種類ずつ用意することとわかりました。

このように限られたアイテム数で多様なファッションを楽しむには、選ぶアイテムも、汎用性があってさまざまな組み合わせができるものであることが重要となるでしょう。

一生異なるコーディネートにするには？

ちなみに余談ですが、もし平均寿命を80年余りと見積もると、人は約30000日の人生を歩むことになります。

もし各カテゴリー（帽子、シャツ、ジャケット、パンツ、靴）に対してそれぞれ8種類ずつアイテムを用意すれば、8×8×8×8×8＝32768という計算になり、わずか40種類のアイテムで人の一生を超えるほどのコーディネートを楽しめる計算になります。

もちろん、実際には成長、季節の変化、体型の変化などにより実現不可能な部分もあります。

しかし、服装の組み合わせは多様であることを知っておけば、無闇にファッションアイテムを増やす努力が不要であると理解できるでしょう。

何人集まれば、そのなかに同じ誕生日の人がいる確率が50%を超える？

誕生日のパラドックス

少ない人数でも意外と高確率！

確率を学ぶと必ずといっていいほど登場する、「誕生日のパラドックス」という不思議な話について紹介します。この話は、「23人のグループは、同じ誕生日を持つ人がいる確率が50％以上になる」というものです。一見すると、この数字はかなり意外ではないでしょうか。1年は366日あるわけで（うるう年を含む）、誕生日が同じ人がいる確率が50％を超えるには、366日の半分である183人が必要だと、なんとなく感じる方も多いのではないでしょうか。

しかし、この直感は間違っています。実際には、その約8分の1の23人がいれば、同じ誕生日の人がいる確率が50％を超えるのです。もちろん、グループの人数が増えるにつれて、この確率は高くなります。例えば、30人のグループでは約70％に増加し、50人では95％以上と、非常に高い確率で同じ誕生日の人がいるのです。

この現象を理解するためには、どのように確率の計算をするといいでしょうか。

直感的には同じ誕生日のペアが出現する確率を直接計算しようとするかもしれません。ところが実際には、逆に「同じ誕生日の人がいない確率」から考える方が計算しやすくなります。前述した「余事象」（Ｐ１６３）の考え方ですね。

まず１人目です。自分以外に誰もいないから、当然同じ誕生日の人がいない確率は１００％です。次に２人目が１人目と異なる誕生日である確率は、３６６日中３６５日が異なる誕生日であるため、３６５／３６６です。３人目が前の２人と異なる誕生日である確率は、さらに一日減るため、３６４／３６６となります。計算式は３６５／３６６×３６４／３６６となります。４人目以降も同じように考えていきます。

５人、６人……ｎ人いる場合は、図１の式が、ｎ人の誕生日が重ならない確率となります。

この「ｎ人の誕生日が重ならない確率」を1から引くと、「ｎ人の誕生日が重なる確率」が求められるのです（図2）。

この方法で計算すると、グループに22人いる場合を計算すると同じ誕生日の人がいる確率は50％を超えず、23人いる場合を

◆図1　n人の誕生日が重ならない確率

$$365/366 \times 364/366 \times \cdots\cdots \times (365-n+1)/366$$

◆図2　n人の誕生日が重なる確率

$$1-365/366 \times 364/366 \times \cdots\cdots \times (365-n+1)/366$$

全体 －「n人の誕生日が重ならない確率」（余事象）

計算すると50％をはじめて超えます。直感とは裏腹に、非常に高い確率で同じ誕生日の人が存在することが明らかになります。

僕の講座では時折、この「誕生日のパラドックス」で見える不思議な現象を生徒たちに体験してもらっています。

例えば、昔実施した講座では１００人以上の生徒が参加してくれました。そのなかで、同じ誕生日の生徒が12組もいました。そのうちの一組は、なんと3人が同じ誕生日だったのです。１００人いれば、３人が同じ誕生日であることは珍しいことではないのです。

誕生日のパラドックスは、ある程度大勢の人がいないと難しいかもしれませんが、実際にやってみると盛り上がるはずです。機会があったらぜひ試してください。友達や家族と集まった際に、ちょっとした数学の魔法をみんなに披露できるでしょう。

人数が多くなくても気軽にできる確率の実験もあります。ルールは簡単です。「1から１００までの数を選んで、他の人とかぶらないように五つ選ぶ」だけ。10人くらいいれば実践できるので、試してみてください。

「パッと見」の印象にだまされないで！「シンプソンのパラドックス」

確率を考えるときに「平均」を出すことでわかりやすくなることがあります。たとえば、五つの卵があり、それぞれの重さが59g、61g、58g、62g、60gだとします。これらの重さの平均は、全部の重さを足して5で割ることで、平均の重さが60gと算出されます（図3）。

平均を基にして、「59gなら平均より1g軽い」「62gなら平均より2g重い」というように、卵の個体差を比較しやすくなります。

私たちの日常生活では、「テストの平均点」や「1日の平均気温」、「平均年収」といった言葉を頻繁に聞きますが、これらもみんな同じように平均で計算されています。テストの平均点は、クラス全員の点数を全部足して人数で割ることで出し、平均年収は、みんながもらっている給料の合計を人数で割って計算します。

ちなみに平均気温を出すときは、24時間のうちの1時間ごとの気温を見て平均を出します。毎分毎秒の気温を全部使っているわけではありません。

このように、「平均」は私たちがいろいろな数の傾向を知るのに役立ちます。

◆図3

(59＋61＋58＋62＋60）÷5=60

しかし、平均を使うときには注意が必要な場合もあります。

例えば、学校Ａと学校Ｂがあって、両方に理系クラスと文系クラスがあるとします。そして、この二つのクラスで同じ数学のテストをしたとします。クラスごとのテストの平均点はこのような感じになりました。

〈数学のテストの平均点〉
学校Ａの理系クラスは75点、文系クラスは55点
学校Ｂの理系クラスは80点、文系クラスは60点

理系クラスも文系クラスも、学校Ｂの方が５点ずつ高い点数を取っています。

でも、この二つの学校全体の平均点を出すと、面白いことがわかります。

学校Ａの全体の平均は69点
学校Ｂの全体の平均は64点

◆数学テストの平均点

	学校Ａ		学校Ｂ
理系クラス	75	<	80
文系クラス	55	<	60
全体	69	>	64

つまり、全体の平均で見ると、学校Aの方が5点高いのです。

なぜこんなことが起きるのでしょうか。

実はこの理由はクラスの人数が違うからです。学校Aでは、理系クラスに70人、文系クラスに30人います。でも、学校Bでは理系クラスに20人、文系クラスに80人でした。

このように平均を出すときに、全体と、グループやセグメントでは結果が逆転することがあるのを「シンプソンのパラドックス」と呼びます。データを見るときには、このような現象にも注意して、いろいろな角度から考えることが大切です。

歴史コラム

「確率」を学問にした、数学者たちの手紙

確率論は、もともと私たちの日常生活のなかで使われていました。しかし、それが学問として扱われるようになったのは、意外と最近のことで1600年以降です。確率論が学問として認められるきっかけとなったのは、数学者パスカルとフェルマーとの間で交わされた手紙のやり取りとされています。

この2人が交わした手紙のなかには、こんな問題が書かれていました。

「AとBという2人の間で同じ金額ずつ出し合って買ったほうが総取りという賭けをしました。2人ともギャンブルの腕は同じで、勝負は運だけで決まるものとします。先に3勝したほうが勝ちという勝負をしていて、Aが2勝、Bが1勝している状態で警察に踏み込まれたとします。このとき掛け金はどのように配分するべきですか?」

この問題には、いろいろな答えが考えられます。例えば、ゲームが終わっていないので、出したお金を半分ずつ返すという方法です。しかし、これではすでに2回勝っているAさんが不満でしょう。また、2勝1敗なので、2：1で分けるという考え方もありますが、これもまた完全な解決策とはいえません。

この問題のなかで、パスカルは「未来に起こりうることを考慮する」という新しい考え方を見いだしました。まだ起こっていない次のゲームの勝ち負けも考えながら、お金をどう分けるかを考えるのです。

これを解くためには、「期待値」という考え方が必要になります。期待値は、未来に起こりうるさまざまな結果に対して、それが起こる確率を掛け合わせて合計したものです。

こうしてパスカルとフェルマーは手紙をやりとりしながら、確率論という新しい学問分野の基礎を築きました。そして、その考えは今でもさまざまな場面で使われているのです。

「もしかしたら」を理解するのは難しい!?

　確率論が数学のなかでも比較的新しい分野なのは、昔は「確率」というものを理解するのがとても難しかったのです。なぜかというと、確率は将来起こるかもしれないことを予想するもので、目で見たり手で触れたりすることができないからです。例えば、幾何学では図形があり、代数学では数字や式がありますが、確率は「もしかしたら」という未来のことを扱うのです。

　それでも、パスカルとフェルマーが手紙を交わすことで、未来や将来のことも数学で考えることができるようになりました。彼らのおかげで、確率論はギャンブルのためのものではなくなり、私たちの毎日の生活や仕事に役立つようになったのです。例えば、天気予報で雨の確率を見たり、会社でリスクを予測したりするときも確率論が使われています。確率論のおかげで、未来のことを予測できるようになり、人々はより確実な判断ができるようになったのです。

おわりに

僕は現在、「算数・数学の楽しさを届ける」という仕事をしています。ちょっと昔では考えにくかった職業だと自分自身でも思っています。この「おわりに」の枠を頂戴して、少し自分自身のお話をさせてください。

僕が代表を務めている「株式会社math channel」では、「体験を通して算数・数学をもっと身近に」を理念に掲げ、今までになかった切り口で算数・数学を届ける活動をしています。

学校や塾の算数・数学の授業のなかでは時間の都合でなかなか取り入れることができない、「たくさんの物に触れて、身近に算数・数学があるという実感」が持てるような体験型の講座を中心に、何度も繰り返して解きたくなるような問題を交えた講座、自分の興味関心に合わせて算数・数学を掘り下げていくことをサポートするような講座などを手掛けています。

また、算数・数学の魅力を伝えるメディアの運営や、科学館や商業施設でのエンタメ要素を交えた算数・数学イベントなど、日常のあらゆる瞬間に算数・数学が絡むよう、日々試行錯誤しながらコンテンツを作り上げています。

この仕事をしようと決意したのは、大学生のときでした。

高校生の頃、漠然と「将来、数学を使った仕事がしたいな」と思いながら大学では数学科という道に進みました。同級生のなかで「研究者」や「学校の先生」という道に進もうとしている人と多く出会い、自分自身がそういった仕事をしている姿を想像してみるものの、いまいちしっくりくることがありませんでした。

自分がしたい「数学との付き合い方」を考えた結果が「数学に対して僕自身が感じた魅力を伝える」ということでした。これが今の仕事を始めようとしたきっかけです。

今でこそ、数学を学ぼうとしたらＹｏｕＴｕｂｅで学びたい内容を探すことができます。近年の数学ブームも相まって数学にまつわる本も増えてきています。

ただ、普通に小学校、中学校、高校と過ごしているだけでは、学校や塾以外で数学に触れる機会がほぼ存在しないというのが現状です。

さらには、学校を卒業したあとは長らく数学に触れていないということも、多くの方々から聞く話です。

もっと数学に触れることができる場面を広げていくこと、そして、触れたときに数学に興味関心を持ってもらえるような伝え方を日々試行錯誤すること——これらが僕の日々考えていることです。数学というと「勉強するもの」「点数を取るもの」という視点に寄りがちだと思いますが、もっと素朴に、シンプルに「楽しい」から入っていいものだと考えています。

実際にこの本を読まれていかがでしたでしょうか？　問題を解いてもらうというよりは、日常への新しい視点を届けられるよう心がけて内容を選定させていただきました。高度な計算やいくつかの事象の背景（証明）などは割愛しましたが、もし興味を持ったのなら、もう少し自分なりに調べて、深めていただいてもよいのかもしれません。

最後にちょっと違った視点で一言。本書では「使える」「役に立つ」という視点で数学を紹介してきましたが、数学は日常のなかで使われるためだけに発展してきたものではない、という視点もぜひ知っておいてください。

数学という学問を発展させていくために数学が使われてきている、という側面も大きくあります。役に立つ・役に立たないという二択の話ではなく、人間として、あくなき探究と挑戦があったからこそ、現代の数学という学問があるのです。

こういった姿勢を全員に求めるというよりは、ぜひ、自分自身が興味をもった数学の話題に対して、役に立つとか立たないとかの視点にとらわれることなく興味を持ち続けてほしいということです。何かにとらわれることなく、自分なりに数学を楽しんでいただきたいというのが、僕の願いです。

株式会社 math channel　代表

横山明日希

参考文献、参照記事

『はまると深い！ 数学クイズ 直感力・思考力を磨く』
横山明日希（講談社）
『文系もハマる数学』 横山明日希（青春出版社）
『笑う数学』 日本お笑い数学協会（KADOKAWA）
『笑う数学 ルート4』日本お笑い数学協会（KADOKAWA）
『10歳からのおもしろ！ フェルミ推定』 横山明日希（くもん出版）
『日常は数であふれている 解き続けたくなる数学』
横山明日希（日東書院本社）
中日新聞「〈ウケる数学〉15回連続で『あいこ』の確率は？」
「ピタゴラス音律―小学校専門科目『数学』での実践―」
馬場良始（大阪教育大学数学教育講座）

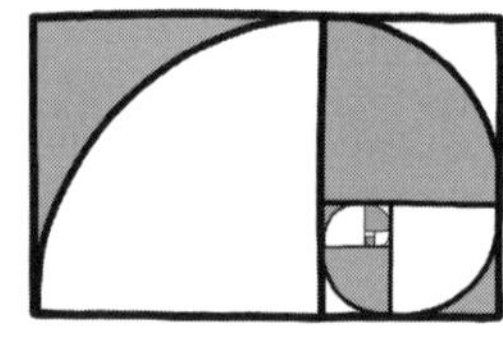

横山 明日希（よこやま・あすき）

株式会社math channel代表

早稲田大学大学院数学応用数理専攻修了。老若男女問わず幅広く数学・算数の楽しさを伝える「数学のお兄さん」として活動。公益財団法人日本数学検定協会認定幼児さんすうシニアインストラクター、日本お笑い数学協会副会長、才教学園小学校・中学校STEAM教育アドバイザーも務める。2017年科学技術振興機構主催のサイエンスアゴラ賞を受賞。『文系もハマる数学』（青春出版社）、『10歳からのおもしろ！フェルミ推定』（くもん出版）など著書多数。

●装丁・本文デザイン　福田あやはな
●編集　日岡和美
●編集協力　浅井貴仁（ヱディットリアル株式會社）
●執筆協力　長沼良和
●イラスト　ＨＩＳＡＫＯ

中学数学でわかる
没頭！　オトナの数学

2024年4月8日　第1版第1刷発行

著　者　横山 明日希
発行者　岡　修平
発行所　株式会社ＰＨＰエディターズ・グループ
〒135-0061 江東区豊洲5-6-52
☎03-6204-2931
https://www.peg.co.jp/

発売元　株式会社ＰＨＰ研究所
東京本部　〒135-8137 江東区豊洲5-6-52
普及部　☎03-3520-9630
京都本部　〒601-8411 京都市南区西九条北ノ内町11

PHP INTERFACE　https://www.php.co.jp/
印刷所・製本所　図書印刷株式会社

ISBN 978-4-569-85667-4